机械工程技术人员必备技术丛书

机械创新设计与实例

于惠力　冯新敏　编著

机械工业出版社

本书在创新设计理论的基础上介绍了机械设计创新方法及实例。主要内容有：创新设计与技法，功能原理创新设计，机构创新设计，机械结构创新设计，机械传动的创新设计，造型创新设计，反求创新设计，仿生原理创新设计。本书以实用为主要目的，每章都配有实例。

　　本书可供初、中级的机械工程技术人员参考，也可供高等院校机械专业及近机类专业作为教材使用。

图书在版编目（CIP）数据

机械创新设计与实例/于惠力，冯新敏编著. —北京：机械工业出版社，2017.10（2025.2重印）

（机械工程技术人员必备技术丛书）

ISBN 978-7-111-57874-1

Ⅰ.①机… Ⅱ.①于… ②冯… Ⅲ.①机械设计 Ⅳ.①TH122

中国版本图书馆 CIP 数据核字（2017）第 209733 号

机械工业出版社（北京市百万庄大街 22 号　邮政编码 100037）
策划编辑：黄丽梅　责任编辑：黄丽梅　责任校对：王　延
封面设计：陈　沛　责任印制：张　博
北京建宏印刷有限公司印刷
2025 年 2 月第 1 版第 4 次印刷
169mm×239mm · 13.5 印张 · 291 千字
标准书号：ISBN 978-7-111-57874-1
定价：59.00 元

电话服务　　　　　　　　　　　网络服务
客服电话：010-88361066　　　机　工　官　网：www.cmpbook.com
　　　　　010-88379833　　　机　工　官　博：weibo.com/cmp1952
　　　　　010-68326294　　　金　书　网：www.golden-book.com
封底无防伪标均为盗版　　　机工教育服务网：www.cmpedu.com

前　言

　　创新是一个民族进步的灵魂，是一个国家兴旺发达的不竭动力，一个国家的创新能力，决定了它在国际竞争和世界总格局中的地位，所以实施创新驱动发展战略，提高创新设计能力势在必行，迫在眉睫。

　　创新设计是指充分发挥设计者的创造力，利用人类已有的相关科技成果进行创新构思，设计出具有科学性、创造性、新颖性及实用成果性的一种实践活动。创新理念与设计实践相结合，发挥创造性的思维，才能设计出新颖、富有创造性和实用性的新产品。

　　为了让工程设计人员掌握一定的创新设计理论及方法，作者编写了本书。本书在编写过程中力求做到以下几点：

　　1）以循序渐进、兼顾理论与工程应用的原则为出发点。本书内容讲解从概念出发，进而到设计理论，再到设计方法，并在其中穿插具体的创新设计实例，有很强的实用性。

　　2）在内容的组织安排上，力求由浅入深，逐层推进，便于读者学习。本书内容按照读者学习的顺序进行编写，阅读本书，读者可以先掌握概念，再掌握理论，最后掌握方法和技巧，扎扎实实地学好每一步。

　　在本书的编写过程中，编者参阅了大量文献资料，引用了有关教材和参考书中的精华及许多专家、学者的部分成果和观点，书后以参考文献一并列出。在此特对有关作者致以真诚的感谢！

　　鉴于机械创新设计内容涉及面广，加之编者水平有限，书中难免会有不足之处，恳请读者批评指正。

编　者

目　　录

第1章 创新设计与技法

1.1 创新思维

创新思维是一种思维方法，而创新的核心就在于创新思维。创新思维是指在思考过程中，采用能直接或间接起到某种开拓、突破作用的一种思维；它既是一种能动的思维发展过程，又是一种积极的自我激励过程；它需要逻辑思维作为基础，也需要非逻辑思维在一定环节和阶段上发挥作用。

1.1.1 思维及类型

思维是抽象范围内的概念，观察的角度不同，思维的含义就不同，哲学、心理学和思维科学等不同学科对思维的定义也不尽相同。但综合起来，所谓思维，是指人脑对所接受和已储存的来自客观世界的信息进行有意识或无意识、直接或间接的加工，从而产生新信息的过程。这些新信息可能是客观实体的表象，也可能是客观事物的本质属性或内部联系，还可能是人脑产生的新的客观实体，如文学艺术的新创作、工程技术领域的新成果、自然规律或科学理论的新发现。

思维的产生是人脑的左脑和右脑同时作用和默契配合的结果。思维具有流畅性、灵活性、独创性、精细性、敏感性和知觉性的特征，根据思维在运作过程中的作用地位，思维主要有下述几种类型。

1. 形象思维

形象思维就是依据生活中的各种现象加以选择、分析、综合，然后加以艺术塑造的思维方式。它也可以被归纳为与传统形式逻辑有别的非逻辑思维。严格地说，联想只完成了从一类表象过渡到另一类表象，它本身并不包含对表象进行加工制作的处理过程，而只有当联想导致创新性的形象活动时，才会产生创新性的成果。形象思维又称为具体思维或具体形象的思维。它是人脑对客观事物或现象的外部特点和具体形象的反映活动。这种思维形式表现为表象、联想和想象。形象思维是人们认识世界的基础思维，也是人们经常使用的思维方式，所以形象思维是每个人都具有的思维方式。表象是指具体的性质、颜色等特征在大脑中的印记，如视觉看到的狗、猫或汽车的综合形象信息在人脑中留下的印象。表象是形象思维的具体结果。训练人的观察力是加强形象思维的最佳途径。

2. 抽象思维

抽象思维是思维的高级形式，又称为抽象逻辑思维或逻辑思维。抽象思维法就是利用概念，借助言语符号而进行的反映客观现实的思维活动。其主要特点是通过分析、综合、抽象、概括等基本方法的协调运用，揭露事物的本质和规律性联系。从具体到抽象，从感性认识到理性认识必须运用抽象思维方法。如在齿轮传动中，能保证瞬时传动比的一对互相啮合的齿廓曲线必须为共轭曲线（概念），因为渐开线满足共轭曲线的条件，所以渐开线为齿廓的齿轮必能保证其瞬时传动比为恒定值（判断），这就是一种推理的过程。概念、判断、推理构成了抽象思维的主体。

3. 发散思维

发散思维又称多向思维、辐射思维、扩散思维、求异思维、开放思维等，是指对某一问题或事物的思考过程中，不拘泥于一点或一条线索，而是从仅有的信息中尽可能向多方向扩展，不受已经确定的方式、方法、规则和范围等的约束，并且从这种扩散的思考中求得常规的和非常规的多种设想的思维。它是以少求多的思维形式，其特点是从给定的信息输入中产生出众多的信息输出。其思维过程为：以要解决的问题为中心，运用横向、纵向、逆向、分合、颠倒、质疑、对称等思维方法，考虑所有因素的后果，找出尽可能多的答案，并从许多答案中寻求最佳，以便有效地解决问题。以汽车为例，用发散思维方式进行思考，可以想到有多种用途的汽车：客车、货车、救护车、消防车、洒水车、邮车、冷藏车、食品车等。另一个例子，大蓟花籽上有很多小勾能粘在衣服上，由此发明了尼龙拉链，这就可看成是辐射思维和横向思维的例子。

4. 收敛思维

收敛思维又称集中思维、求同思维等，是一种寻求某种正确答案的思维形式。它以某种研究对象为中心，将众多的思路和信息汇集于这一中心，通过比较、筛选、组合、论证，得出现存条件下解决问题的最佳方案。其着眼点是从现有信息产生直接的、独有的、为已有信息和习俗所接受的最好结果。在创造过程中，只用发散思维并不能使问题直接获得有效的解决。因为解决问题的最终选择方案只能是唯一的或是少数的，这就需要集聚，采用收敛思维能使问题的解决方案趋向于正确目标。发散思维与收敛思维是矛盾的对立与统一现象，二者的有效结合，才能组成创造活动的一个循环。收敛思维是利用已有知识和经验进行思考，从尽可能多的方案中选取最佳方案。以某一机器中的动力传动为例，利用发散思维得到的可能性方案有齿轮传动、蜗杆蜗轮传动、带传动、链传动、液力传动等。再根据具体条件分析判断，选出最佳方案，如要求体积小且减速比较大，则可以选择蜗杆蜗轮传动方案。

5. 动态思维

动态思维是一种运动的、不断调整的、不断优化的思维活动。其特点是根据不断变化的环境、条件来不断改变自己的思维秩序、思维方向，对事物进行调整、控制，从而达到优化思维目标。它是我们在日常工作和学习中经常应用的思维形式。

6. 有序思维

有序思维是一种按一定规则和秩序进行的有目的的思维方式，它是许多创造方法的基础。常规机械设计过程中，经常用到有序思维。如齿轮设计过程，按载荷大小计算齿轮的模数后，再将其标准化，按传动比选择齿数，进行几何尺寸计算、强度校核等过程，都是典型的有序思维过程。

7. 直接思维

直接思维是创造性思维的主要表现形式。直接思维是一种非逻辑抽象思维，是人基于有限的信息，调动已有的知识积累，摆脱惯常的思维规律，对新事物、新现象、新问题进行的一种直接、迅速、敏锐的洞察和跳跃式的判断。

8. 创造性思维

创造性思维是一种最高层次的思维活动，它是建立在前述各类思维基础上的人脑机能在外界信息激励下，自觉综合主观和客观信息产生的新客观实体，如创作文学艺术新作品、工艺技术领域的新成果、自然规律与科学理论的新发现等思维活动和思维过程。

9. 质疑思维

质疑是人类思维的精髓，善于质疑就是凡事问几个为什么，用怀疑和批判的眼光看待一切事物，即敢于否定。对每一种事物都提出疑问，是许多新事物新观念产生的开端，也是创新思维的最基本方式之一。

10. 灵感思维

灵感思维是一种特殊的思维现象，是一个人长时间思考某个问题得不到答案，中断了对它的思考以后，却又会在某个场合突然产生对这个问题的解答的顿悟。灵感思维是潜藏于人们思维深处的活动形式，它的出现有许多偶然因素，并不以人的意志为转移，但能够努力创造条件，也就是说要有意识地让灵感随时凸显出来。灵感思维具有跳跃性、不确定性、新颖性和突发性的特征。例如，有一次肖邦养的一只小猫在他的钢琴键盘上跳来跳去，出现了一个跳跃的音程和许多轻快的碎音，这些音符点燃了肖邦灵感的火花，由此创作出了《F 大调圆舞曲》的后半部分旋律，据说这个曲子又有"猫的圆舞曲"的别称。

11. 理想思维

理想思维就是理想化思维，即思考问题时要简化、制定计划要突出、研究工作要精辟、结果要准确，这样就容易得到创造性的结果。

1.1.2　创新思维的特点

1. 创新思维具有开放性的特点

所谓开放性思维是指突破传统思维定势和狭隘眼界，多视角、全方位看问题的思维。具备了开放性的思维方式，就能够不断地有所发现、有所发明、有所创造、有所前进。任何创造性思维活动都是在一定的人类思想成果基础上进行的，都是对既定思维成果的丰富或扩张，是对原有知识界限的破坏和原有知识结构的补充。所以，创造性思维本质上是一种开放性思维。任何思维上的创造都必须以开放的思维为桥梁。任何创造性的思维成果，都是开放性思维方式的结晶。开放性主要针对封闭性而言。封闭性思维是指习惯于从已知经验和知识中求解，偏于继承传统，照本宣科，落入"俗套"，因而不利于创新。而开放性思维则是敢于突破定势思维，打破常规，挑战潮流，富有改革精神。

开发性思维强调思维的多样性，从多种角度出发考虑问题，其思维的触角向各个层面和方位延伸，具有广阔的思维空间；开放性思维强调思维的灵活性，不依照常规思考问题，不是机械地重复思考，而是能够及时转换思维视角，为创新开辟新路。例：从"0，1，2，4，3，7，8，1"中寻找规律，若按照常规，仅从数字本身上寻找规律，很难找出规律。突破数字的定势思维，而从构成数字的笔画形状进行思维，则就会很快发现它们规律，原来这是由曲线—直线交错排列的一组符号。当年，爱迪生让他实验室的一位大学生提供电灯泡体积的数据，这位新助手用高等数学的方法足足计算了几小时。爱迪生对此深感遗憾，因为在他看来，这种问题只需一两分钟就能解答，而且只需要小学生的知识就足够了，你知道用什么方法吗？

2. 创新思维具有求异性的特点

众所周知，我国学生以求同思维见长，求异思维见短。究其原因，除历史传统和文化背景外，主要是我国的应试教育造成的。由此可见，引导学生具有求异性思维的教育已成为摆在我们面前的一个亟待解决的突出问题。求异性主要针对求同性而言。求同性是人云亦云，照葫芦画瓢。而求异性则是与众人、前人不同，是独具卓识的思维。

求异性思维强调思维的独特性，其思维角度、思维方法和思维路线别具一格、标新立异，对权威与经典敢怀疑、敢挑战、敢超越；求异性思维强调思维的新颖性，其表现为：提出的问题独具新意，思考问题别出心裁，解决问题独辟蹊径。新颖性是创新行为最宝贵的性质之一。例如，有一位家长带着儿子去池塘捉鱼。捉鱼前家长叮嘱儿子："捉鱼时不要弄出声响，否则鱼就吓得逃往深处，无法捉了。"儿子照办了，果然他们满载而归。过了一些天，儿子独自去捉鱼，竟然捉得更多。家长惊喜地问："你是怎么捉的？"儿子说，"您不是说一有声响鱼就逃往深处吗？我先在池塘中央挖了一个深坑，再向池塘四周扔石子。待鱼逃进深坑之后，捉起来就容易多了，就像是在瓮中捉鱼。"这则故事给予人们很多启示。其中，家长的经验是正确的，因为他是根据鱼儿的生活习性在捉鱼。儿子继承了家长的经验，但是没有迷信家长，而是用一种求异性的眼光看问题。因此，儿子的做法也是正确的，他也是根据鱼儿的生活习性在捉鱼。不同的是，家长掌握的是在岸上捉鱼的规律，孩子又找到一条在水中捉鱼的规律。

3. 创新思维具有突发性的特点

突发性主要体现在直觉与灵感上。所谓直觉思维是指人们对事物不经过反复思考和逐步分析，而对问题的答案做出合理的猜测、设想，是一种思维的闪念，是一种直接的洞察；灵感思维也常常是以一闪念的形式出现，但它不同于直觉，灵感思维是由人们的潜意识与显意识多次叠加思维而形成的，是长期创造性思维活动达到的一个必然阶段。

例如，伦琴发现X射线的过程就是一个典型的实例。当时，伦琴和往常一样在做一个原定实验的准备，该实验要求不能漏光。正当他一切准备就绪开始实验时，突然发现附近的一个工作台上发出微弱的荧光，室内一片黑暗，荧光从何而来呢？此时，伦琴迷惑不解，但又转念一想，这是否是一种新的现象呢？他急忙划一根火柴来看一个究竟，原来荧光发自一块涂有氰亚铂酸钡的纸屏。伦琴断开电流，荧光消失，接通电流，荧光又出现了。他将书放到放电管与纸屏之间进行阻隔，但纸屏照样发光。看到这种情况，伦琴极为兴奋，因为他知道，普通的阴极射线不会有这样大的穿透力，可以断言肯定是一种人所未知的穿透力极强的射线。经过 40 多天的研究、实验，终于肯定了这种射线的存在，还发现了这种射线的许多特有性质，并且命名为 X 射线。

事实上，在伦琴发现 X 射线之前，就曾有人见到过这种射线，他们不是视而不见，就是因干扰了其原定的实验进行而气恼，结果均失掉了良机。而伦琴则不同，他抓住了突发的机遇，追根溯源，终于取得了伟大的成功。

4. 创新思维是逻辑与非逻辑思维有机结合的产物

逻辑思维是一种线性思维模式，具有严谨的推理，一环紧扣一环，是有序的。常采用的逻辑思维方式一般有分析与综合、抽象与概括、归纳与演绎、判断与推理等，是人们思考问题常采用的基本手段。

非逻辑思维是一种面性或体性的思维模式，没有必须遵守的规则，没有约束，侧重于开放性、灵活性、创造性，如前文所介绍的联想、想象、直觉、灵感等思考方式。

在创新思维中，需要两种思维的互补、协调与配合。需要非逻辑思维开阔思路，产生新设想、新点子；也需要逻辑思维对各种设想进行加工整理、审查和验证。这样才能产生一个完美的创新成果。

1.1.3   创新思维的过程

1. 酝酿准备阶段

酝酿准备是明确问题、收集相关信息与资料，使问题与信息在头脑及神经网络中留下印记的过程。大脑的信息存储和积累是激发创造性思维的前提条件，存储信息量越大，激发出来的创造性思维活动也越多。

在此阶段，创造者已明确了自己要解决的问题。在收集信息的过程中，力图使问题更概括化和系统化，形成自己的认识，弄清问题的本质，抓住问题疑难的关键所在，同时尝试和寻求解决问题的方案和各种想法的可行性。

若问题简单，可能会很快找到解决问题的办法；若问题复杂，可能要经历多次失败的探求；当阻力很大时，则中断思维，但潜意识仍在大脑深层活动，等待时机。

2. 潜心加工阶段

在取得一定数量的与问题相关的信息之后，创造主题就进入了尝试解决问题的创造过程：人脑的特殊神经网络结构使其思维能进行高级的抽象思维和创造性思维活动。在围绕问题进行积极思索时，人脑对神经网络中的受体不断进行能量积累，为生产新的信息积极运作。潜意识的参与是这一阶段思维的主要特点。一般来说，创造不可能一蹴而就，但每一次挫折都是成功创造的思维积累。有时候，由于某一关键性问题久思不解，从而暂时地被搁置在一边，但这并不是创造活动的终止，事实上人的大脑神经细胞在潜意识指导下仍在继续朝着最佳目标进行思维，也就是说创造性思维仍在进行。

3. 顿悟阶段

顿悟阶段是创造性思维的突破阶段，是创造主题在特定的情境下得到特定的启发被唤醒，人脑有意无意地浮现某些新形象、新思想、新创意，使一些长期悬而未决的问题一念之下得以解决的现象。顿悟其实并不神秘，它是人类高级思维的特性之一。该阶段的作用机制比较复杂，一般认为是与长期酝酿所积蓄的思维能量有关，这种能量会冲破思维定势和障碍，使思维获得开放性、求异性、非显而易见性。凯库勒是德国有机化学家，据说他在研究有机化学结构时，闭着眼睛能想象出各种分子的立体结构。他已经测定清楚：苯分子是由6个碳原子和6个氢原子组成的，但这些原子又是以什么方式组织起来的呢？1865年圣诞节后的一天，凯库勒试着写出了几十种苯的分子式，都不对。他困倦了，躺在壁炉旁的靠椅上迷迷糊糊地睡着了。"那是什么？"他眼前的6个氢原子和6个碳原子连在了一起，仿佛一条金色的蛇在舞蹈，不知因为什么缘故，蛇被激怒了，它竟然狠狠地一口咬住了自己的尾巴，形成了一个环形，然后就不动了，仔细一看，又好像是一只熠熠生辉的钻石戒指。这时，凯库勒醒了，发现原来这不过是一个奇怪的梦，梦中看到的环形排列结构还依稀记得，凯库勒立即在纸上写下了梦中苯分子的环状结构。有机化学中的重要物质苯的分子结构式就这样以梦的顿悟形式得到了解决。

4. 验证阶段

创造性思维不仅注重形式上的标新立异，内容上也要求精确可靠，所以还需要实践的验证。

1.1.4 创新思维的方式

创新能力的培养与提高离不开创新思维，所以很有必要了解、熟悉和掌握一些创新思维的方式。尤其是现在以创新为基本特征的知识经济时代，若能花一点时间系统地学一学创新思维方式，比自己再去慢慢摸索、体会与积累经验，效果会更好。

1. 利用事物的形象进行创新思维

事物的形象是指一切物体在一定空间和时间内所表现出来的各个方面的具体形态。它不仅包括物体的形状、颜色、大小、重量，还包括物体的声响、气味、温度、硬度等。利用事物的形象进行创新思维就是利用头脑中的表象和意象思维。表象是储存在大脑中的客观事物的映像，意象则是思考者对头脑中的表象有目的进行处理加工的结果。

利用事物的形象进行创新思维有联想思维和想象思维两种方式。

（1）联想思维　人们根据所面临的问题，从大脑庞大的信息库中进行检索，提取出有用的信息。此时思路由此及彼地连接，即由所感知或所思的事物、概念或现象中，联想到其他与之有关的事物，这是正常人都具有的思维本能。一个人要会联想，要善于联想，必须要掌握一定的联想方式。

1）相似联想。由一事物或现象刺激，想起与其相似的事物或现象。其主要体现在时间、空间、功能、形态、结构、性质等方面相似。相似中很可能隐含着事物之间难以觉察的联系。例如，通过相似联想，医生由建筑上的爆破联想到人体器官内结石的爆破，而发明了医学的微爆破技术。又例如，19世纪20年代，英国想在泰晤士河修建一条下水道，由于土质条件很差，用传统的支护开挖法，松软多水的河底很容易塌方，施工极为困难，工程师布鲁尔对此感到一筹莫展。一天，他在室外散步，无意中看见一只硬壳虫借助自己的坚硬的壳体使劲往橡树皮里钻。这一极为平常的现象触动了布鲁尔的创造灵感。他想，河下施工与昆虫钻洞的行为是多么相似啊，如果把空心钢柱横着打进河底，以此构成类似昆虫硬壳的"盾构"，边掘进边建构，在延伸的盾构保护下，施工不就可以顺利进行了吗？这就是现在常用的"盾构施工法"。

2）相关联想。利用事物之间存在着某种连锁关系，如互相有影响、互相有作用、互相有制约、互相有牵制等，一环紧扣一环地进行联想，使思考逐步地进行逐步地深入，从而引发出某种新的设想。例如，由火灾联想到烟雾传感器；由高层建筑联想到电梯。

3）对比联想。在头脑中可以根据事物之间在形状、结构、性质、作用等某个方面存在着的互不相同，或彼此相反的情况进行联想，从而引发出某种新设想来。例如，由热处理想到冷处理，由吹尘想到吸尘等。21 世纪避雷的新思路就是由对比联想而产生的。国际上一直通用的避雷原理是美国富兰克林的避雷思想，这种思想是吸引闪电到避雷针，避雷针又与建筑物紧密相连，这就要求建筑物必须安装导电良好的接地网，使电传入地，确保建筑物的安全。因此也就增加了落地雷的概率，产生了由避雷针引发的雷灾。这些灾害的发生引起了研究人员对避雷思想的反思。1996 年中国科学家庄洪春从避雷针的相反思路研究，发明了等离子避雷装置，这种装置不是吸引闪电，而是拒绝闪电，使落地雷远离被保护的建筑物，特别适合信息时代的防雷需要。

4）强制联想。将完全无关或关系相当偏远的多个事物或想法牵强附会地联系起来，进行逻辑型的联想，以此达到创造目的的创新技法。强制联想实际上是使思维强制发散的思维方式，它有利于克服思维定势，因此往往能产生许多非常奇妙的、出人意料的创意。

（2）想象思维　从心理学角度来看，想象是对头脑中已有的表象进行加工、排列、组合而建立起新的表象的过程。想象思维可以帮助人发现问题，依靠想象的概括作用，可帮助人们在头脑中塑造新概念、新设想；想象是理性的先驱，想象可以帮助人们反思过去、展望未来。爱因斯坦曾说过："想象力比知识更重要，因为知识是有限的，而想象力概括世界上的一切，推动着进步，并且是知识进化的源泉。严格地说，想象力是科学研究中的实在因素"。想象的类型包括以下几种：

1）创造想象。在思维者的头脑中对某些事物形象产生了特定的认识，并按照自己的创见对事物进行整个或者部分抽取，再根据某种需要将其组成一种有自身结构、性质、功能与特征的新事物形象。

例如，《国外科技动态》2004（3）曾刊登一篇《关于新人力能源设计畅想》的文章，就是想象利用人体对路面不断施加的压力来发电。如图 1-1 所示，尽管电流很小，但非常频繁，若将这些电流存储起来，就足够供街灯、交通灯、建筑物内照明等使用。这一想象如果能付诸实施，那么人们就可以充分利用过去浪费掉的人体能量，朝着一个生态友好、自足的人类社会迈进。

2）充填想象。思维者在仅仅认识了某事物的某些组成部分或某些发展环节的情况下，头脑中通过想象，对该事物的其他组成部分或其他发展环节加以填充补实，从而构成一个完整的事物形象。

人们在实践中得到的事物表象，由于受时间或空间的限制，常常只是客观事物的一

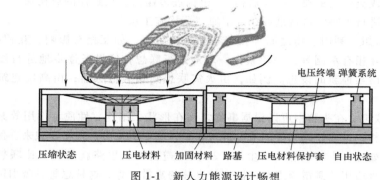

图 1-1 新人力能源设计畅想

个或几个部分，或片段，因而需要进行充填想象，以推知事物的全貌。如古生物学家根据一具古生物化石，就能凭想象推测这个古生物的原有形态；侦查人员根据目击者提供的犯罪现场情况，便能想象出罪犯的形体外貌。在科技杂志上看到某先进的设备照片，可以尝试用充填想象分析出内部结构。

例如，图 1-2b 所示是一种可能用来在玉器上刻画螺旋线的机器，是充填想象的产物。美国哈佛大学一个物理学研究生仔细研究了中国春秋时代陪葬用的装饰翡翠环（见图 1-2a），发现环上刻有螺旋线形花纹（有些与阿基米德螺旋线吻合到只差 $200\mu m$），这有力地证明它们是由复合机器制成的，并想象出该复合机器的结构形状，比西方世界出现的类似设备至少要早 3 个世纪。

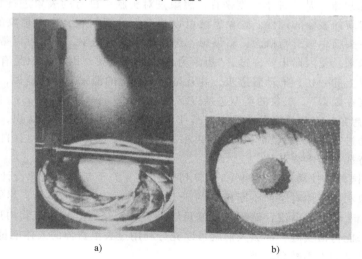

a)   b)

图 1-2 中国的复合机器

3）预示想象。根据思维者已有的知识、经验和形象积累，在头脑中构成一定的设想或愿望，这些设想和愿望虽然现在还不存在，以后却有可能产生。

预示想象也称为幻想，是从现实出发而又超越现实的一种思维活动。幻想可以使人思维超前、思路开阔、思绪奔放，因此在创新活动的初期，它的作用是很明显的。19
世纪法国著名科学幻想作家儒勒·凡尔纳被称为"科学幻想小说之父"，其作品《神秘
岛》、《地心记》、《海底两万里》等中的幻想产物，如电视机、直升机、潜水艇等都已
成为现实。俄国著名化学家门捷列夫对凡尔纳的评价很高，认为他的作品对自己的研究
很有启发，有助于自己思考问题、解决问题。

4）导引想象。思维者通过在头脑中具体细致地想象和体验自己正进行顽强努力，
完成某一复杂艰巨任务以及完成任务后的成功情景与喜悦心情，从而高度协调发挥自身
潜在的智力与体力，以促进任务的顺利完成。

导引想象应用在医学中可以减轻病人的痛苦，有利于治疗，美国西雅图的湾景烧伤
中心，烧伤病人接受虚拟现实疗法，以减轻伤口护理过程中造成的痛楚。病人带着头罩
式的显示器，使用操纵杆操纵称为"冰雪世界"的程序，这一程序是专为解除烧伤病
人的痛楚而设计的。研究表明，在痛苦不堪的伤口护理期间，这种导引想象的方法对减
轻病人的痛苦很有效果。

（3）形象思维能力的培养与提高　关于如何提高形象思维能力，提出以下几个方
面仅供参考：

1）要深入学习各种知识，包括不同学科的、不同领域的知识；应该不断注意积累
各种实践经验；还必须养成善于观察、分析各种事物以及物体的结构特征的习惯，对各
类事物形象掌握得越多，越有利于形象思维。这些知识、经验以及各种事物的形象特征
将为形象思维奠定坚实的基础。

2）要自觉地锻炼思维联想能力。应注重事物之间的联系，常做一些提高联想能力
的训练，可以在两个事物或两个事件之间进行联想，或按时间顺序及空间顺序进行联
想等。

例如，达·芬奇把铃声和石子投入水中所发生的现象联系在一起，联想到声音是以
波的形式传播的；电报发明者塞缪尔·莫尔斯为不知如何将电报信号从东海岸发送到西
海岸而苦思冥想，一天，他看到疲乏的马在驿站被换掉，因此就由驿站联想到增强电报
信号，使问题得以解决。

3）要自觉地锻炼思维想象能力。常选择一些问题展开想象，例如当你面对一个问
题时，应向自己提出，我能用多少种方式来看待这个问题，我能用多少种方法解决这个
问题；常在头脑中对一些事物进行分解、组合或增添，想象能生成一个什么样的新事
物；经常欣赏艺术作品，并对结局展开几种可能的想象等。

2. 通过灵感的激发进行创新思维

灵感思维是指思维者在实践活动中因思想高度集中而突然表现出来的一种精神现
象。灵感具有突发性、瞬间性、情感性（伴随激情）等特点。

激发灵感的方式有以下几种：

（1）自发灵感　自发灵感是指在对问题进行较长时间执着地思考探索的过程中，
需要随时留心或警觉所思考问题的答案或启示，有可能在某一时刻会在头脑中突然闪
现。例如，英国发明家辛克莱在谈及他发明的袖珍电视机时说道："我多年来一直在

想，怎样才能把电视机显像管的长尾巴去掉，有一天我突然灵机一动，想了个办法，将长尾巴做成 90°弯曲，使他从侧面而不是从后面发射电子，结果就设计出了厚度只有 3cm 的袖珍电视机。"

可以看出对问题先是深思熟虑，然后丢开、放松，挖掘并利用潜意识，由紧张转入既轻松又警觉的状态，是产生和自发灵感的最有效方法。

（2）诱发灵感 诱发灵感是指思维者根据自身、生理、爱好、习惯等诸方面的特点，采取某种方式或选择某种场合，例如散步、沐浴、听音乐或演奏等，以及西方的所谓三 B 思考法，即 bed（躺在床上思考）、bath（沐浴时思考）、bus（等候或乘坐公共汽车时思考），有意识地促使所思考问题的某种答案或启示在头脑中出现。例如法国一数学家潘卡尔做出"不定三级二次型的算术变换和非欧几何的变换方法完全一样"的结论是在海边散步时突然领悟的。

（3）触发灵感 触发灵感是指思维者在对问题已进行较长时间执着思考的探索过程中，需随时留心和警觉，在接触某些相关或不相关的事物时，有可能引发所思考问题的某种答案或启示在头脑中突然闪现，有些类似触景生情的感觉。另外，根据多人经验，同人交谈，也经常能起到触发灵感的作用。因为每个人的年龄、身份、文化程度、知识结构、理解能力等各不相同，思考问题的特点、方式和思路也会有差异。在交谈中，不同的思路、思考方式和特点互相融汇、交叉、碰撞或冲突，就能打破或改变个人的原有思路，使思想产生某种飞跃和质变，迸发出灵感的火花。我国古语说"石本无火，拍击而后发光"。例如，在 1875 年 6 月 2 日，贝尔和他的助手华生分别在两个房间里试验多任务电报机，一个偶然发生的事故启发了贝尔。华生房间里的电报机上有一个弹簧粘到磁铁上了，华生拉开弹簧时，弹簧发生了振动。与此同时，贝尔惊奇地发现自己房间里电报机上的弹簧也颤动起来，还发出了声音，是电流的作用把振动从一个房间传到了另一个房间。贝尔的思路顿时大开，他由此想到：如果人对着一块铁片说话，声音将引起铁片振动；若在铁片后面放上一块电磁铁的话，铁片的振动势必在电磁铁线圈中产生时大时小的电流。这个波动电流沿电线传向远处，远处的类似装置上不就会发生同样的振动，发出同样的声音吗？这样声音就沿电线传到远方去了。这不就是梦寐以求的电话吗！贝尔和华生按新的设想制成了电话机。

（4）逼发灵感 逼发灵感指情急能生智，在紧急情况下，不可惊慌失措，要镇静思考、谋求对策，解决某种问题的答案或启示，此时有可能在头脑中突然闪现。被西方誉为创造学之父的美国人奥斯本曾说过："舒适的生活常使我们创造力贫乏，而苦难的磨炼却能使之丰富。""在感情紧张状态下，构想的涌出多数比平时快。……当一个人面临危机之时，想象力就会发挥最高的效用"。在日常所说的某人如何急中生智，就指的是"逼发灵感"。

（5）灵感思维的培养 要有需要创新思维的课题；必须具备一定的经验与知识；要对问题进行较长时间的思考；要有解决问题的强烈愿望；要在一定时间的紧张思考之后转入身心放松状态；要有及时抓住灵感的精神准备和及时记录下来的物质准备。

3. 沿着事物各个方向进行创新思维

沿着各个方向思维是指从同一材料来源出发，产生为数众多且方向各异的输出信息的思维方式；或从不同角度进行构思、设想。其具体思维方式有如下几种：

（1）发散思维 发散性思维是创新思维的核心之一，没有思维的发散，也就没有思维的集中、求异和独创。发散性思维是指思维主体在思维活动时，围绕某个中心问题向四面八方进行辐射的、积极的思考和联想，广泛地搜集与这一中心问题有关的各种感情材料、相关信息和思想观点，最大限度地开拓思路，运用已有的知识、经验，通过各种思维手段，沿着各种不同方向去思考，重组信息，获得信息。然后把众多的信息逐步引导到条理化的逻辑中去，以便最终得出结论。

发散思维要求速度，即思维的数量指标；要求新意，即思维的质量指标。例如要求被测试者在一分钟内说出砖的可能用途。一个人回答有：造房、铺路、建桥、搭灶、砌墙、堵洞、垫物。按数量指标他可得 7 分；质量指标却只能得 1 分，因为缺乏新意，全部是用做建筑材料功能。而另一个人的回答是：造房、铺路、防身、敲打、量具、游戏、杂耍、磨粉做颜料。对他的数量评分是 8 分；而质量评分却高达 6 分，他的回答使砖头的功能从建筑材料扩展到武器、工具、量具、玩具乃至颜料。可见后者的发散思维水平比前者高。

（2）横向思维 横向思维是相对于纵向思维而言的一种思维形式。纵向思维是利用逻辑推理直上直下地思考，而横向思维是当纵向思维受阻时从横向寻找问题答案，即换个角度思考。正像时间是一维的，空间是多维的一样，横向思维与纵向思维则代表了一维与多维的互补。这样可以让人排除优势想法，避开经验、常识、逻辑等，能帮助思维者借鉴表面看来与问题无关的信息，从侧面迂回或横向寻觅去解决问题。例：住在纽约郊外的扎克，是一个碌碌无为的公务员，他唯一的嗜好便是滑冰，别无其他。纽约的近郊，冬天到处会结冰。夏天就没有办法到室外冰场去滑个痛快。去室内冰场是需要钱的，一个纽约公务员收入有限，不便常去。有一天，一个灵感涌上来，"冰刀可以在冰上滑行，轮子可以在地面上滚动，都是相对运动，如果鞋子下面安装轮子，不就可以代替冰鞋了吗？这样普通的路就可以当作冰场了。"几个月之后，他跟人合作开了一家制造旱冰鞋的小工厂。他做梦也想不到，产品一问世，立即就成为世界性的商品。没几年工夫，他就赚进 100 多万。

（3）逆向思维 逆向思维是相对正向思维而言的一种思维方式，正向思维是一种"合情合理"的思维方式，而逆向思维常有悖于情理，在突破传统思路的过程中力求标新立异。运用逆向思维时，首先要明确问题求解的传统思路，再以此为参照，尝试着从影响事物发展的诸要素方面（如原理、结构、性能、方位、时序等）进行思维反转或悖逆，以寻求创建。原理的逆向思维实例有：英国物理学家法拉第，由电生磁而想到磁生电，从而为发电机的制造奠定了理论基础；再如意大利物理学家伽利略，注意到水的温度变化引起了水的体积变化，这使他意识到，倒过来，水的体积变化也能看出水的温度变化，按这一思路，他终于设计出当时的温度计。结构的逆向思维实例有：螺旋桨后置的设计方案比前置的飞机要飞得快。性能的逆向思维实例有：由金属材料的热处理想到冷处理。方位的逆向思维实例有：朝地下发射的探矿火箭等。

逆向思维模式与单向思维、固定思维模式比较，体现了思维空间的广阔性、思维路线的灵活性与多样性、思维频率的快捷性。这样，就容易产生新方案、新点子、新路子。

1.2　创新技法

创新技法源于创造学的理论与规则，是创造原理具体运用的结果，是促进事物变革与技术创新的一种技巧。这些技巧提供了某些具体改革与创新的应用程序，提供了进行创新探索的一种途径，当然在运用这些技法时，还需要知识与经验的参与。

1.2.1　观察法

（1）重复观察　对相似或重复出现的现象或事物进行反复观察，以捕捉或解释这些重复现象中隐藏或被掩盖而没有被发现的某种规律。

（2）动态观察　创造条件使观察对象处于变动状态（改变空间、时序、条件等），再对不同状态下的对象进行观察，以获取在静态条件下无法知道的情况。例如：将金属材料降低温度至绝对零度（-273℃）发现其电阻为零，出现超导现象，由此制成磁悬浮轴承或磁悬浮列车等。例如，观察机器的振动现象，也只有让机器运转起来才会使观察结果可靠。

（3）间接观察　当正面观察或直接观察受阻时，可采用间接的方式，即通过各种观察工具，通过各种仪器、仪表等。例如，通过应变仪可以观察到零件受载时的应力分布，从而可以合理地设计零件的结构，使其应力分布合理，工作寿命延长；通过潜望镜可以观察到水面上的情况，用来计划潜艇的航向；通过监控摄像头进行现场观察等。

1.2.2　类比法

将所研究和思考的事物与人们熟悉并与之有共同点的某一事物进行对照和比较，从中找到它们的相似点或不同点，并进行逻辑推理，在同中求异或异中求同中实现创新。常用的具体类比技巧有以下几种：

（1）相似类比　一般指形态上、功能上、空间上、时间上、结构上等方面的相似。例如，尼龙搭扣的发明就是由一位名叫乔治·特拉尔的工程师运用功能类比与结构类比的技法实现的。这位工程师在每次打猎回来时总有一种叫大蓟花的植物粘在他的裤子上，当他取下植物与解开衣扣时进行了无意的类比，感觉到它们之间功能的相似，并深入分析了这种植物的结构特点，发现这种植物遍体长满小钩，认识到具有小钩的结构特征是粘附的条件。接着运用结构相似的类比技法设计出一种带有小钩的带状织物，并进一步验证了这种连接的可靠性，进而采用这种带状织物代替普通扣子、拉链等，也就是现在衣服上、鞋上、箱包上用的尼龙搭扣。鲁班设计的锯子也是通过直接类比法而发明的。在科学领域里，惠更斯提出的光的波动说，就是与水的波动、声的波动类比而发现的；欧姆将其对电的研究和傅里叶关于热的研究加以直接类比，把电势比作温度，把电流总量比作一定的热量，建立了著名的欧姆定律；库仑定律也是通过类比发现的，劳厄谈此问题时曾说过"库仑假设两个电荷之间的作用力与电量成正比，与它们之间的距离平方成反比，这纯粹是牛顿定律的一种类比"。

（2）拟人仿生类比　从人类本身或动物、昆虫等结构及功能上进行类比、模拟，设计出诸如各类机器人、爬行器以及其他类型的拟人产品。例如，日本发明家田雄常吉在研制新型锅炉时，就将锅炉中的水和蒸汽的循环系统与人体血液循环系统进行类比。即参照人体的动脉和静脉的不同功能以及人体心脏瓣膜阻止血液倒流的作用，进行了拟人类比，发明了高效锅炉，使其效率提高了 10%。例如，类比鲨鱼皮肤研制的泳衣提高了游泳的速度。鲨鱼皮肤的表面遍布了齿状凸出物，当鲨鱼游泳时，水主要与鲨鱼皮肤表面上齿状凸出物的端部摩擦，使摩擦力减小，游速就增大。运用模仿类比技法，设计的新型泳衣由两种材料组成，在肩膀部位仿照鲨鱼皮肤，其上遍布齿状凸出物；在手臂下方采用光滑的紧身材料，减小了游泳时的阻力。在悉尼奥运会上这种泳衣获得了 130 个国家、地区游泳运动员的认可。

（3）因果类比　由某一事物的因果关系经过类比技法而推理出另一类事物的因果关系。例如，由河蚌育珠，运用类比技法推理出人工牛黄；由树脂充孔形成发泡剂推理出水泥充孔形成气泡混凝土。

（4）象征类比　借助实物形象和象征符号来比喻某种抽象概念或思维情感。象征类比依靠直觉感知，并使问题关键显现、简化。文化创作与创意中经常用到这种创新技法。

著名哲学家康德曾说过："每当理智缺乏可靠论证的思路时，类比这个方法往往能指引我们前进。"

（5）直接类比　将创造对象直接与相类似的事物或现象做比较称为直接类比。

直接类比简单、快速，可避开盲目思考。类比对象的本质特征越接近，则成功率越大。比如，由天文望远镜制成了航海、军事、观剧以及儿童望远镜，不论它们的外形及功能有何不同，其原理、结构完全一样。

物理学家欧姆将电与热从流动特征考虑进行直接类比，把电势比作温度，把电流总量比作一定的热量，首先提出了著名的欧姆定律。

瑞士著名科学家皮卡尔原是研究大气平流层的专家。在研究海洋深潜器的过程中，他分析海水和空气都是相似的流体，因而进行直接类比，借用具有浮力的平流层气球结构特点，在深潜器上加一浮筒，让其中充满轻于海水的汽油使深潜器借助浮筒的浮力和压仓的铁砂可以在任何深度的海洋中自由行动。

1.2.3　移植法

移植法是借用某一领域的成果，引用、渗透到其他领域，用以变革和创新。移植与类比的区别是，类比是先有可比较的原形，然后受到启发，进而联想进行创新；移植则是先有问题，然后去寻找原形，并巧妙地将原形应用到所研究的问题上来。主要的移植方法有如下几种：

（1）原理移植　指将某种科学技术原理向新的领域类推或外延。例如，二进制原理不仅用于电子学（计算机），还用于机械学（二进制液压缸、二进制二位识别器等）；超声波原理用于探测器、洗衣机、盲人拐杖等；激光技术用于医学的外科手术（激光手术刀），用于加工技术上产生了激光切割机，用于测量技术上产生了激光测距仪等。

（2）方法移植　指操作手段与技术方案的移植。例如，密码锁或密码箱可以阻止其他人进入房间或打开箱子，将这种方法移植到电子信箱或网上银行上就是进入电子信箱或网上银行时必须要先输入正确密码方可进入。另外的例子还有将金属电镀方法移植到塑料电镀上。

（3）结构移植　指结构形式或结构特征的移植。例如，滚动轴承的结构移植到移动导轨上产生了滚动导轨，移植到螺旋传动上产生了滚珠丝杠；积木玩具的模块化结构特点移植到机床上产生了组合机床，移植到家具上产生了组合家具等。

（4）材料移植　指将某一领域使用的传统材料向新的领域转移，并产生新的变革，也是一种创造。物质产品的使用功能和使用价值，除了取决于技术创造的原理功能和结构功能外，也取决于物质材料。在材料工业迅速发展，各种新材料不断涌现的今天，利用移植材料进行创新设计更有广阔天地。例如，在新型发动机设计中，设计者以高温陶瓷制成燃气涡轮的叶片、燃烧室等部件，或以陶瓷部件取代传统发动机中的气缸内衬、活塞盖、预燃室、增压器等。新设计的陶瓷发动机具有耐高温的性能，可以省去传统的水冷系统，减轻了发动机的自重，因而大幅度地节省了能耗和增大了功效。此外，陶瓷发动机的耐腐蚀性也使它可以采用各种低品位多杂质的燃料。因此，陶瓷发动机的设计成功，是动力机械和汽车工业的重大突破。

（5）综合移植　指综合运用原理、结构、材料等方面的移植。在这种移植创造过程中，首先要分析问题的关键所在，即搞清创造目的与创造手段之间的协调和适应关系，然后借助联想、类比等创新技法，找到被移植的对象，确定移植的具体形式和内容，通过设计计算和必要的试验验证，获得技术上可行的设计方案。例如采用移植塑料替代木材制作椅子，同时也要移植适合塑料的加工方法和结构，通常不用木工的榫钉的方法进行连接，而采用整体注塑结构。另外一个例子就是充气太阳灶。太阳能对人们极有吸引力，但目前的太阳灶造价高，工艺复杂，又笨重（50kg左右），调节也麻烦，野外工作和旅游时携带不方便，上海的连鑫等同学在调查研究的基础上，明确了主攻方向：简化太阳灶的制作工艺，减轻重量，减少材料消耗，降低成本，获取最大的功率。他们首先把两片圆形塑料薄膜边缘黏结，充气后就膨胀成一个抛物面，再在反光面上贴上真空镀铝涤纶不干胶片。用打气筒向内打气，改变里面气体压强，随着打气的多少，上面一层透明膜向上凸起，反光面向下凹，可以达到自动汇聚反射光线的目的。这种"无基板充气太阳灶"只有4kg，拆装方便，便于携带，获第三届全国青少年科学发明创造比赛一等奖。

1.2.4　组合法

组合法是指将两种或两种以上的技术、事物、产品、材料等进行有机的组合，以产生新的事物或成果的创造技法。磁半导体发明者，日本科学家菊池诚说："我认为发明有两条路，第一条是全新的发明，第二条是把已知其原理的事实进行组合"。据统计，在现代技术开发中，组合型的发明成果已占全部发明的 60%～70%。可以看出组合创新具有普遍性与广泛性。常用组合形式有以下几种：

（1）功能组合　指将多种功能组合为一体。例如，生产上用的组合机床、组合夹具、群钻等，生活上用的多功能空调、组合音响、组合家具。数字办公系统集复印、打印、扫描及网络功能于一体，既快速又经济。如图 2-3 所示，这种数字办公系统可以在一页上复印出 2 页或 4 页的原稿内容，可以每分钟打印 A4 幅面 16 页，可以直接扫描一个图像和文件，作为电子邮件的附件发送，还具有网络传真、传真待发等功能。

功能组合的特点是，每个分功能的产品都具有共同的工作原理，具有互相利用的价值，产生明显的经济效益。多功能产品已经成为商品市场的一大热点，它能以最经济的方式满足人们日益增长的、多样化的需要，使消费者以最少的支出获得最大的效益。

（2）技术组合　指将不同技术成分组合为一种新的技术。在组合时，应研究各种技术的特性、相容性、互补性，使组合后的技术具有创新性、突破性、实用性。例如，1979 年诺贝尔生理学医学奖获得者英国发明家豪斯菲尔德所发明的 CT 扫描仪，就是将 X 射线人体检查的技术同计算机图像识别技术实现了有机的结合，没有任何原理上的突破，便可以对人体进行三维空间的观察和诊断，这被誉为 20 世纪医学界最重大的发明成果之一。

（3）材料组合　指将不同材料在特定的条件进行组合，有效地利用各种材料的特性，使组合后的材料具有更理想的性能。例如各种合金、合成纤维、导电塑料（在聚乙炔的材料中加碘）、塑钢型材等。

（4）同类组合　将两个或两个以上同类事物进行组合，用以创新。进行同类组合，主要是通过数量的变化来弥补功能上的不足，或得到新的功能。例如，单万向联轴器虽然连接了两轴，并允许它们之间产生各个方向的角位移，但从动轴的角速度却发生了变化。将两个单万向联轴器进行同类组合，变成双万向联轴器，就可以既实现两轴之间的等角速度传动，又允许两轴之间产生各个方向的角位移。类似的同类组合在机械设计中实例很多。

1.2.5　换元法

换元法是指在创新过程中，采用替换或代换的方法，使研究不断深入，思路获得更新。例如，卡尔森研究发明的复印机，曾采用化学方法进行多次实验，结果屡次失败。后来他变换了研究方向，探索采用物理方法，即光电效应，终于发明了静电复印机，一直沿用到现在。

在许多事物中各式各样的替代或代换内容是很多的，用成本低的代替昂贵的，用容易获得的代替不容易获得的，用性能良好的代替性能差的等。例如，用玻璃纤维制成的冲浪板，比木质的冲浪板更轻巧，也更容易制成各种形状。

1.2.6 穷举法

穷举法又称为列举法，是一种辅助的创新技法，它并不提供新的发明思路与创新技巧，但它可帮助人们明确创新的方向与目标。列举法将问题逐一列出，将事物的细节全面展开，使人们容易找到问题的症结所在，从各个细节入手探索创新途径。列举法一般分三步进行：第一步是确定列举对象，一般选择比较熟悉和常见的，进行改进与创新可获得明显效益的；第二步分析所选对象的各类特点，如缺点、希望点等，并一一列举出来；第三步从列举的问题出发，运用自己所熟悉的各种创新技法进行具体的改进，解决所列出的问题。

1. 希望点列举

希望点列举是列举、发现或揭示希望有待创造的方向或目标。

希望点列举常与发散思维和想象思维结合，根据生活需要、生产需要、社会发展的需要列出希望达到的目标，希望获得的产品；也可根据现有的某个具体产品列举希望点，希望该产品进行改进，从而实现更多的功能，满足更多的需要。希望是一种动力，有了希望才会行动起来，使希望与现实更加接近。

例如，希望获得一种既能在陆地上行驶，又能在水上行驶，还能在空中行驶的水陆空三栖汽车。根据这样一个希望，这种三栖汽车已经问世。它可以在陆地上仅用 5.9s 的时间使其行驶速度增至 100km/h，在水中可以 50km/h 的速度行驶，可以离开地面 60cm，并以 48km/h 的速度向前飞行。

例如，希望设计一种能够在各种材料上进行打印的打印机。沿着这样一个希望点进行研究，就研制出一种万能打印机，如图 1-3 所示。这种打印机对厚度的要求可放宽到 120cm；打印的材料可以是大理石、玻璃、金属等，并可用 6 种颜色打印；打印的字、符号、图形能耐水、耐热、耐光，而且无毒。

目前种类繁多的电灯实际上最初都是由希望点列举而找到创新方向的。在不同的时候，人们可能希望房间内有不同的亮度，或者可能希望关灯时亮度慢

图 1-3　万能打印机

慢减弱最后再完全关掉，如电影院和剧场的灯灭过程，由此希望就产生了调光灯。彩灯经常用于装饰，为增加装饰效果，希望电灯能变换色彩，于是德国某公司设计出了一种变色灯具，通电后，灯管内液体上下对流，把射入液体内的色光折射到半透明的灯罩上，发出变幻莫测、色彩斑斓的光。

2. 缺点列举

缺点列举就是揭露事物的不足之处，向创造者提出应解决的问题，指明创新方向。

该方法目标明确，主题突出，它直接从研究对象的功能性、经济性、审美性、宜人性等目标出发，研究现有事物存在的缺陷，并提出相应的改进方案。虽然一般不改变事物的本质，但由于已将事物的缺点一一展开，使人们容易进入课题，较快地解决创新的目标。这一方法反向思考有时就是对于希望点的列举，如白炽灯的寿命太短，如果反向思考就是希望得到寿命更长的白炽灯。

缺点列举的具体方法有：

（1）用户意见法　设计好用户调查表，以便引导用户列举缺点，并便于分类统计。

（2）对比分析法　先确定可比参照物，再确定比较的项目（如功能、性能、质量、价格等）。

物理学家李政道，在听一次演讲后，知道非线性方程有一种叫孤子的解。他为弄清这个问题，找来所有与此有关的文献，花了一个星期时间，专门寻找和挑剔别人在这方面研究中所存在的弱点。后来发现，所有文献研究的都是一维空间的孤子，而在物理学中，更有广泛意义的却是三维空间，这是不小的缺陷与漏洞。他针对这一问题研究了几个月，提出了一种新的孤子理论，用来处理三维空间的某些亚原子过程，获得了新的科研成果。对此李政道发表过这样的看法："你们想在研究工作中赶上、超过人家吗？你一定要摸清在别人的工作里，哪些地方是他们的缺陷。看准了这一点，钻下去，一旦有所突破，你就能超过人家，跑到前面去了。"

我们可以列举日常穿的衬衣的各种缺点，如扣子掉后很难再买到原样的扣子来配上，针对这一缺点，衬衣生产厂就在衬衣的隐蔽地方缝上两颗备用纽扣。再有就是衬衣的领口容易坏，针对这一缺点，有的生产厂就设计出活式领口，每件衬衣出厂时就配有两个以上的活领。

当爆发流感的时候，进入公共场合通常需要测量体温，传统的体温计必须接触身体才能测量，如果用同一体温计来测量不同人的体温，有时可能会发生交叉传染。从防止疾病传染的角度出发，有必要研制非接触式体温计，于是出现了红外体温计，可准确地从人的皮肤的红外辐射中测量体温。

1.2.7　集智法

集智法是集中大家智慧，并激励智慧，进行创新。

该技法是一种群体操作型的创新技法。不同知识结构、不同工作经历、不同兴趣爱好的人聚集在一起分析问题、讨论方案、探索未来一定会在感觉和认知上产生差异，而正是这种差异会形成一种智力互激、信息互补的氛围，从而可以很有效地实现创新效果。常采用的集智法有下述几种。

1. 会议式

会议式也称头脑风暴法，1939 年由美国 BBDO 广告公司副经理 A. F. 奥斯本所创立。该技法的特点是召开专题会议，并对会议发言做了若干规定，通过这样一个手段造成与会人员之间的智力互激和思维共振，用来获取大量而优质的创新设想。

会议的一般议程是：

1）会议准备：确定会议主持人、会议主题、会议时间，参会人以 5~15 人为佳，且专业构成要合理。

2）热身运动：看一段创造录像，讲一个创造技法故事，出几道脑筋急转弯题目，使与会者身心得到放松，思维运转灵活。

3）明确问题：主持人简明介绍，提供最低数量信息，不附加任何框框。

4）自由畅谈：无顾忌，自由思考，以量求质。有人统计，一个在相同时间内比别人多提出两倍设想的人，最后产生有实用价值的设想的可能性比别人高 10 倍。

5）加工整理：会议主持人组织专人对各种设想进行分类整理，去粗取精，并补充和完善设想。

2. 书面式

该方法是由德国创造学家鲁尔巴赫根据德意志民族惯于沉思的性格特点，对奥斯本智力激励法加以改进而成。该方法的主要特点是采用书面畅述的方式激发人的智力，避免了在会议中部分人疏于言辞、表达能力差的弊病，也避免了在会议中部分人因争相发言、彼此干扰而影响智力激励的效果。该方法也称 635 法，即 6 人参加，每人在卡片上默写 3 个设想，每轮历时 5min。具体程序是：

会议主持人宣布创造主题——发卡片——默写 3 个设想——5 分钟后传阅；在第二个 5 分钟要求每人参照他人设想填上新的设想或完善他人的设想，半小时就可以产生 108 种设想，最后经筛选，获得有价值的设想。

3. 卡片式

该法是日本人所创，也是在奥斯本的头脑风暴法的基础上创立的。其特点是将人们的口头畅谈与书面畅述有机结合起来，以最大限度充分发挥群体智力互激的作用和效果。具体程序是：

召开 4~8 人参加的小组会议，每人必须根据会议主题提出 5 个以上的设想，并将设想写在卡片中，一个卡片写一个。然后在会议上轮流宣读自己的设想。当在别人宣读设想时，如果自己因受到启示而产生新的想法，应立即将新想法写在备用卡片上。待全体发言完毕后，集中所有卡片，按内容进行分类，并加上标题，再进行更系统的讨论，以挑选出可供采纳的创新设想。

1.2.8 设问探求法

1. 设问 5w2h 法

"5w2h"法由美国陆军部提出，即通过连续提为什么、做什么、谁去做、何时做、何地做、怎样做、做多少 7 个问题，构成设想方案的制约条件，设法满足这些条件，便可获得创新方案。其具体内容如下：

（1）为什么（why） 为什么采用这个技术参数？为什么不能有响声？为什么停用？为什么变成红色？为什么要做成这个形状？为什么采用机器代替人力？为什么产品的制造要经过这么多环节？为什么非做不可？

（2）做什么（what） 哪一部分工作要做？目的是什么？重点是什么？与什么有关

系？功能是什么？规范是什么？工作对象是什么？

（3）谁去做（who） 谁会做？谁是顾客？谁被忽略了？谁是决策人？谁会受益？

（4）何时做（when） 要何时完成？何时销售？何时是最佳营业时间？何时工作人员容易疲劳？何时产量最高？何时完成最为时宜？需要几天才算合理？

（5）何地做（where） 何地做最经济？从何处买？还有什么地方可以作销售点？何地有资源？

（6）怎样做（how to） 怎样做省力？怎样做最快？怎样做效率最高？怎样改进？怎样得到？怎样避免失败？怎样求发展？怎样增加销路？怎样提高生产效率？怎样才能使产品更加美观大方？怎样使产品用起来更加方便？

（7）做多少（how much） 功能指标达到多少？销售多少？成本多少？输出功率多少？效率多高？尺寸多少？重量多少？

以上 7 个问题可以依次提问，有问题的可以求解答案，没有问题时可转到下一个问题。下面以自行车为例说明 5w2h 法的使用过程。比如当问到第 3 个问题谁去做时，就可以想到自行车是谁来使用，可能是成年男女、青年男女、少年儿童、老年人、运动员和邮递员等，考虑一下他们都各需要什么样的自行车。当问到第 5 个问题何地做时，就可想到城市公路、乡村小路、山地、泥泞路、雪路、健身房等地点，考虑不同的地点和环境对自行车有什么要求和需求。当问到第 7 个问题做多少时，就可以想到销量、成本、重量、尺寸、寿命等问题，来考虑营销策略、加工工艺、材料选择等解决方案。

2. 奥斯本检核表法

奥斯本是美国教育基金会的创始人，是世界上第一个创造发明技法"智力激励技法"的发明者。他在《发挥独创力》一书中介绍了许多创意技巧。美国麻省理工学院创造工程研究所从书中选出 9 项，编制成了《新创意检核表》，运用这个表提出问题，寻求有价值的创造性设想的方法，这就是奥斯本检核表法。

奥斯本检核表提问要点的内容有 9 个方面，针对某一产品或事物介绍如下：

（1）能否它用？可提问：现有事物有无其他用途？稍加改进能否扩大用途？包括思路扩展、原理扩展、应用扩展、技术扩展、功能扩展、材料扩展。

例如全球卫星定位系统（GPS）是美国国防部 20 世纪 70 年代初在"子午仪卫星导航定位"技术上发展起来的，具有全球性、全能性（陆地、海洋、航空与航天）、全天候性优势的导航、定位、定时、测速系统。GPS 最初用于军事目的，后来该技术也逐步向民间开放使用。在当今发达国家，GPS 技术已广泛应用于交通运输和道路工程等领域，极大地提高了他们的生产效率。GPS 技术还应用于野生动物种群的追踪定位等。GPS 系统的功能正如 GPS 业界的权威所说"GPS 的应用只受人们想象力的限制"。

（2）能否借用？可提问：能否借用别的经验？模仿别的东西？过去有无类似的发明创造创新？现有成果能否引入其他创新成果。

振荡可以增强散乱堆积颗粒物的聚合效果。压路机的工作原理是通过滚轮靠自重将路面的沙石压实，现在的压路机在其滚轮上加上振荡装置就形成了振荡压路机，这样就可以显著地增强压路机的碾压效果。踩在香蕉皮上比其他水果皮上更容易使人摔跤，原因在于香蕉皮由几百个薄层构成，且层间结构松弛，富含水分，借用这个原理，人们发明了具有层状结构性能优良的润滑材料——二硫化钼。同样的道理，乌贼靠喷水前进，前进迅速而灵活，模仿这一原理，人们发明了"喷水船"，这种喷水船先将水吸入，再将水从船尾猛烈喷出，靠水反作用力使船体迅速行驶。

（3）能否改变？可提问：能否在意义、声音、味道、形状、式样、花色、品种等方面改变？改变后效果如何？

最早的铅笔杆是圆形截面，而绘图板通常是有点倾斜的，因此，铅笔很容易滚落掉地，摔断铅芯。后来人们想到将笔杆的圆形截面改成正六边形截面，就很好地解决了这一问题。

（4）能否扩大？可提问：能否扩大使用范围、增加功能、添加零部件、增加高度、提高强度、增加价值、延长使用寿命？

扩大的目的是为了增加数量，形成规模效应；缩小是为了减少体积，便于使用，提高速度。大小是相对的，不是绝对的，更大、更小都是发展的必然趋势。在两块玻璃中加入某些材料可制成防震或防弹玻璃；在铝材中加入塑料做成防腐防锈、强度很高的水管管材和门窗中使用的型材；在润滑剂中添加某些材料可大大提高润滑剂的润滑效果，提高机车的使用寿命。

（5）能否缩小？可提问：能否减少、缩小、减轻、浓缩、微型、分割？

随着社会的进步和生活水平的不断提高，产品在降低成本、不减少功能、便于携带和便于操作的要求下，必然会出现由大变小、由重变轻、由繁变简的趋势。如助听器可以小到放进耳蜗里，计算器可集合在手表上，折叠伞可放在挎包里等。以缩小、简化为目标的创造发明往往具有独特的优势，在自我发问的创新技巧中，可产生出大量的创新构想。

（6）能否代用？可提问；能否用其他材料、元件、原理、方法、结构、动力、结构、工艺、设备进行代替？

人造大理石、人造丝是取而代之的很好范例。用表面活性剂代替汽油清洗油污，不仅效果好，而且节约能源。用液压传动代替机械传动，更适合远距离操纵控制。用水或空气代替润滑油做成的水压轴承或空气轴承，无污染，效率高。用天然气或酒精代替汽油燃料，可使汽车的尾气污染大大降低。数字相机用数据存储图像，省去了胶卷及胶卷的冲印过程，而且图像更清晰，在各种光线条件下可以拍摄很好的照片。

（7）能否调整？可提问：能否调整布局、程序、日程、计划、规格、因果关系？

飞机的螺旋桨一般在头部，有的也放在尾部，如果放在顶部就成了直升机，如果螺旋桨的轴线方向可调，就成了可垂直升降的飞机。汽车的喇叭按钮原来设计在方向盘的中心，不便于操作且有一定的危险性，将按钮设计在方向盘圆盘下面的半个圆周上就可以很好地解决潜在的危险问题。根据常识可知自行车在高速前进时，采用前轮制动容易发生事故，于是有人就设计了无论用左手或右手捏住制动器，自行车都将按"先后再前"的顺序制动，从而可以大大降低事故的发生率。

（8）能否颠倒？可提问：能否方向相反、变肯定为否定、变否定为肯定、变模糊为清晰、位置颠倒、作用颠倒？

将电动机反过来用就发明了发电机；将电扇反装就成了排风扇；从石油中提炼原油需要把油、水分离，但为了从地下获得更多的原油，可以先向地下的油中注水；单向透光玻璃装在审讯室里，公安人员可看见犯罪嫌疑人的一举一动，而犯罪嫌疑人却无法看见公安人员。反之，将这种玻璃反过来装在公共场所，人们既可以从里面观赏外面的美景，又能防止强烈的太阳光直接射入。

（9）能否组合？可提问：能否事物组合、原理组合、方案组合、材料组合、形状组合、功能组合、部件组合？

两个电极在水中高压放电时会产生"电力液压效应"，产生的巨大冲击力可将宝石击碎；而在一个椭球面焦点上发出的声波，经反射后可在另一个焦点汇集。一位德国科学家将这两种科学现象组合起来，设计出医用肾结石治疗仪。他让患者躺在水槽中，使患者的结石位于椭球面的一个焦点上，把一个电极置于椭球面的另一个焦点上，经过1分钟左右不断地放电，通过人体的冲击波能把大部分结石粉碎，而后逐渐排出体外，达到治疗的目的。

奥斯本检核表法是一种具有较强启发创新思维的方法。它的作用体现在多方面，是因为它强制人去思考，有利于突破一些人不愿提问题或不善于提问题的心理障碍，还可以克服"不能利用多种观点看问题"的困难，尤其是提出有创见的新问题本身就是一种创新。它又是一种多向发散的思考，使人的思维角度、思维目标更丰富，另外检核思考提供了创新活动最基本的思路，可以使创新者尽快集中精力，朝提示的目标方向去构想、创造、创新。该法比较适用于解决单一问题，还需要结合技术手段才能产生出解决问题的综合方案。

使用核检表法应注意几点：一是要一条一条地进行核检，不要有遗漏；二是要多核检几遍，效果会更好，或许会更准确地选择出所需创造、创新、发明的方面；三是在核检每项内容时，要尽可能地发挥自己的想象力和创新能力，产生更多的创造性设想；四是核检方式可根据需要，可以一人核检，也可以 3~8 人共同核检，也可以集体核检，可以互相激励，产生头脑风暴，更有希望创新。

下面以玻璃杯为例，来说明用奥斯本检核表法对其进行的改进创新，见表 1-1。

表 1-1　玻璃杯奥斯本检核表

序号	检核项目	发散性设想	初选方案
1	能否它用	当作奖杯、可盛食物、当作量具、当作装饰、当作火罐、当作乐器、灯罩、笔筒、蛐蛐罐、存钱罐、做圆规	装饰品
2	能否借用	自热杯、磁疗杯、保温杯、电热杯、防爆杯、音乐杯	自热磁疗杯
3	能否改变	夜光杯、塔形杯、动物杯、防溢杯、自洁杯、香味杯、密码杯、幻影杯	香味夜光杯
4	能否扩大	不倒杯、防碎杯、消防杯、报警杯、过滤杯、多层杯	多层杯
5	能否缩小	折叠杯、微型杯、超薄型杯、可伸缩杯、扁平杯、勺形杯	伸缩杯
6	能否代用	金属杯、纸杯、可降解杯、一次性杯、竹木制杯、塑料杯、可食质杯	可降解纸杯

（续）

序号	检核项目	发散性设想	初选方案
7	能否调整	系列装饰杯、系列牙杯、口杯、酒杯、咖啡杯、高脚杯	系列高脚杯
8	能否颠倒	透明—不透明、雕花—非雕花、有嘴—无嘴、有盖—无盖、上小下大—上大下小	彩雕杯
9	能否组合	与温度计组合、与中草药组合、与加热器组合、与艺术绘画组合	与加热器组合

1.2.9 逆向转换法

逆向转换法中的"逆"可以是方向、位置、过程、功能、原因、结果、优缺点、破（旧）立（新）矛盾的两个方面等诸方面的逆转。

（1）原理逆向 从事物原理的相反方向进行的思考。如：温度计的诞生，意大利物理学家伽利略曾应医生的请求设计温度计，但屡遭失败。有一次他在给学生上实验课时，由于注意到水的温度变化引起了水的体积的变化，这使他突然意识到，倒过来，由水的体积的变化不也能看出水的温度的变化吗？循着这一思路，他终于设计出了当时的温度计。其他的例子还有制冷与制热，电动机与发电机，压缩机与鼓风机。

（2）功能逆向 按事物或产品现有的功能进行相反的思考。如风力灭火器，现在我们看到的扑灭火灾时消防队员使用的灭火器中有风力灭火器。风吹过去，温度降低，空气稀薄，火被吹灭了。一般情况下，风是助火势的，特别是当火比较大的时候。但在一定情况下，风可以使小的火熄灭，而且相当有效。另外保温瓶可以保热，反过来也可以保冷。

（3）过程逆向 事物进行过程逆向思考，如小孩掉进水缸里，一般的过程就是把人从水中救起，使人脱离水，而司马光救人过程却相反，它采用的是打破缸，使水脱离人。还有一个例子就是除尘，既可以采取吹尘也可以采取吸尘的方法。

（4）结构或位置逆向 从已有事物的结构和位置出发所进行的反向思考，如结构位置的颠倒、置换等。日本有一位家庭主妇对煎鱼时总是会粘到锅上感到很恼火，煎好的鱼常常是烂开的，不成片。有一天，她在煎鱼时突然产生了一个念头，能不能不在锅的下面加热而在锅的上面加热呢？经过多次尝试，她想到了在锅盖里安装电炉丝这一从上面加热的方法，最终制成了令人满意的煎鱼不糊的锅。在动物园动物被关在笼子里，人是自由的；而在野生动物园中人与动物的位置则发生逆转，即人被关在笼子里，动物是自由的。

（5）因果逆向 原因结果互相反转即由果到因。如数学运算中从结果倒推回来以检查运算过程和已知条件。

（6）程序逆向或方向逆向 颠倒已有事物的构成顺序、排列位置而进行的思考，如变仰焊为俯焊。最初的船体装焊时都是在同一固定的状态进行的，这样有很多部位必须做仰焊。仰焊的强度大，质量不易保障。后来改变了焊接顺序，在船体分段结构装焊时将需仰焊的部分暂不施工，待其他部分焊好后，将船体分段翻个身，变仰焊为俯焊位置，这样装焊的质量与速度都有了保证。

（7）观念逆向　一般情况下，观念不同，行为不同，收获就可能不同。例如我国工业生产部门从大而全的观念转变到专门化生产，大大提高了生产效率和产品质量；产品的以产定销变为以销定产，可以减少库存，提高资金利用率。

（8）缺点逆用　事物有两重性，缺点和问题的一面可以向有利和好的方面转化。利用事物的缺点，采用"以毒攻毒"、化弊为利的方法，就称为缺点逆用法。例如，由于造纸时少放了一种原料，成了废品，写字时洇成一片，无法用来写字。但是利用这一点可以将其做成吸墨纸或尿不湿。

以上介绍了 8 种创新技法，在具体运用时，可以分别使用，但实际上这些技法往往联合起来应用。

第2章 功能原理创新设计

2.1 功能原理设计的意义与方法

机械设计的过程通常由以下几个工作阶段组成:

1) 设计规划阶段。这个阶段的任务是确定设计的内容和对设计的要求,即明确设计对象要实现哪些功能。

2) 方案设计阶段。这个阶段的任务是确定用于实现给定功能的原理性方案。

3) 细节设计阶段。在这个阶段中将方案设计阶段所确定的原理性方案具体化、参数化,并确定机械装置的详细结构。

4) 施工设计阶段。这个阶段要按照施工过程的需要,将设计信息正确、完整、全面地表达为施工过程所需要的技术文件形式。施工过程包括加工、安装、调试、运输、包装等过程。

机械产品的方案设计阶段可以细分为功能原理设计和运动方案设计。其中,功能原理设计阶段需要确定实现功能的基本科学原理;运动方案设计阶段要解决运动的产生、传递和变换方法以及执行动作的设计。

为了实现同一种功能,通常存在多种原理方案可供选择。实现功能的原理不同,对环境的要求和影响程度不同,实现功能的效率和可靠程度也有很大的差别。

设计需要实现的功能是将输入量(物质、能量、信息)转变为输出量(物质、能量、信息),对于多数设计,原理方案设计面对的问题不在于无法找到能够实现这种转变的原理方案,而是可以找到太多的原理方案。

例如,图 2-1a~h 所示为可以实现将薄板或纸张分页传送功能(分页功能)的多种

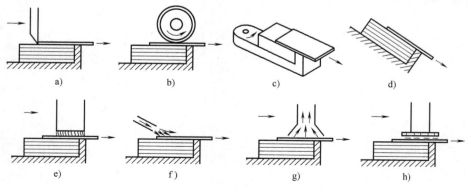

a)　　　　　　　　b)　　　　　　　　c)　　　　　　　　d)

e)　　　　　　　　f)　　　　　　　　g)　　　　　　　　h)

图 2-1　实现分页功能的多种原理方案

原理方案，各自适用于不同的应用条件。例如，方案 a 适用于较厚的材料；方案 b 适用于较轻、较薄的材料；方案 c 利用离心力将材料甩出料仓；方案 d 利用材料自身的重力使材料从料仓中滑落；方案 e 通过粘接的方法将分页材料粘起；方案 f 通过气流将分页材料吹离料仓；方案 g 通过真空吸附的方法将分页材料吸起并移出料仓；方案 h 通过静电力将分页材料吸起并移动。

图 2-2a～c 所示为可以不需要输入能量而清除船舱积水的多种原理方案。其中，方案 a 是通过重锤与船体的相对摆动驱动柱塞泵的原理来清除船舱积水；方案 b 是通过置于船外水面上的浮子与船体的相对摆动驱动柱塞泵，进而清除船舱积水；方案 c 是在涨潮时通过虹吸原理将船舱积水排入岸边的水槽，待落潮时再将积水排入海水中。

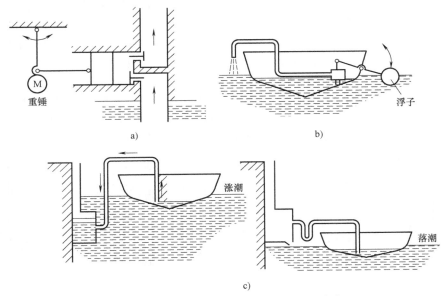

图 2-2　无动力清除船舱积水的多种原理方案

美国人肖尔斯 1867 年研制成功的字杆式打字机（见图 2-3）以单个字符（字母、标点符号或其他图形符号）为基本打印单位，将所有的字符分别铸在字杆端部，再将所有字杆围成半圆圈，每个字杆可绕其根部的铰链转动，转动的同时可将字符打在卷筒的同一位置。纸张被固定在卷筒上，每打印完一个字符，卷筒带动纸张沿横向移动一个字符间隔。字杆式打字机工作中纸的横向移动是通过卷筒的移动实现的，由于卷筒质量很大，影响了移动速度的提高，从而也影响了打字速度的提高。这种打字机适合于拼音文字，对于像中文、日文等大字符集的文字是不可行的。

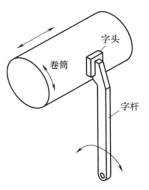

图 2-3　字杆式打字机原理

1920 年日本人发明了用于日文打字的拣字式打字机。这种打字机将几千个字头摆放在字盘上，字头的形状与印刷用的铅字相似。打字员要记忆每个字头在字盘上的位置，打字时先将机械手移动到字头所在位置，通过字盘下的顶杆将字头从字盘中顶出，位于字盘上面的机械手将字头抓住，抬起，打到卷在卷筒上的纸上，然后再将字头放回原位，同时卷筒向前移动一个字符间隔。这种打字方法实现了大字符集文字的打字功能，但是工作效率很低。

为了提高打字速度，人们开始研究电动打字机。因为字杆式打字机的卷筒重量大，移动速度慢，即使采用电动方式也很难提高移动速度。

20 世纪 60 年代初，美国国际商用机器公司研制出字球式英文打字机（见图 2-4）。这种打字机将所有打印字符做在一个重量较小、可以绕两个轴自由转动，并可以方便更换的铝制球壳表面。打字时，重量较大的卷筒不再做横向移动，只在打印完一行后带动打印纸转动，实现换行运动，而改由重量较小的字球做横向移动，使得电动打字机能以较高的速度进行打印。这以后出现的各种打字机（包括打印机）也都不再采用通过滚筒移动的方法实现字头与纸之间的相对运动。

20 世纪 80 年代初，德国西门子公司推出一种菊花瓣式打字机。这种打字机将字头做在花瓣的端部（见图 2-5），打字时，用小锤敲击字头背面，使字符印到卷在卷筒表面的纸上。这种字盘比字球更轻，进一步减轻了打字机中移动部分的重量。

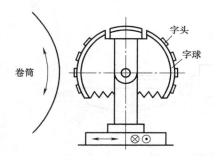

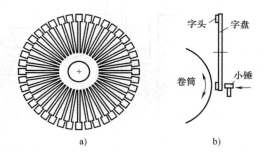

图 2-4　字球式英文打字机原理　　　　图 2-5　菊花瓣式打字机原理

计算机出现以后，最初与计算机配套使用的打字机仍采用字杆式结构，这种打印方式既限制了打印速度，又限制了如汉字这样的大字符集在计算机中的使用。随着计算机的发展，出现了一种针式打印机，同时推出了一种全新的点阵式打印概念，引起了打印功能原理设计领域的一场革命。它不再以字符为单位进行打印，而是将每个字符都作为由众多的按一定方式排列的点阵组成的平面图形符号。这种打印功能原理将字符打印与图形打印的功能统一起来，充分利用计算机在存储与检索能力方面的优势，同时彻底改变了汉字在计算机应用领域中的地位，彻底解决了像中文这样的大字符集字型的存储、处理、打印问题以及图形与文字混合排版打印的技术问题。

针式打印机的打印头由多根打印针（最初只有 9 根，以后逐渐增加到 16 根、24 根）及固定于打印针根部的衔铁组成（见图 2-6a），打印针在打印头内排列成环状（见

图 2-6b)，针头通过导向板在打印头的头部排列成两排（见图 2-6c）。不打印时，打印头内的永久磁铁吸住衔铁；打印时，逻辑电路发出打印信号，通过驱动电路使电磁铁线圈通电，产生与永久磁铁磁场方向相反的磁场，抵消永久磁铁对衔铁的吸引，衔铁被弹出，带动打印针实现打印动作，通过多个打印针的配合动作可以实现任意字符或图形的打印。

在针式打印机发展的同时，德国有人提出了喷墨打印的设想。最初提出的喷墨打印原理是模仿显示器中电子束扫描荧光屏的方法，由 3 个喷头将 3 种不同颜色的墨水喷射到纸上，组成任意图形，但是这种喷射方法很难达到较高的打印质量。以后人们改变了思路，借鉴针式打印机的设计思想，用很多小喷头组成点阵，直接将

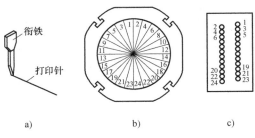

图 2-6　衔铁与打印针的排列布置

墨水喷到纸上。打印时需对与特定喷头相对应的毛细管中的墨水加热，使墨水汽化，由于汽化过程中蒸汽体积的膨胀，及蒸汽冷却过程中气泡体积的收缩，使毛细管端部的墨水形成墨滴，喷出管端，实现打印功能（见图 2-7）。现在喷墨式打印机的打印质量已经远远超过了针式打印机。由于喷墨过程中不包含零部件的机械动作，使得喷墨打印机的结构得到简化。通过使用各种不同颜色的墨水，很容易实现彩色喷墨打印。

以上两种点阵式打印机在打印时都需要打印头做横向扫描运动，同时打印纸做纵向进给（换行）运动，这种工作方式限制了打印速度的进一步提高。在传真机打印机的设计中，为减少传真机对电话线路的占用时间，需要设计一种没有横向扫描运动的打印机。需要在整行纸宽方向上并排布置大量的打印元件，要用针式打印方式和喷墨打印方式实现这种设计都比较困难，为此人们设计出一种不需要打印头做横向扫描运动的热敏式打印机。这种打印机沿横向并排布置有几千个加热元件，打印时只需要打印纸沿纵向做进给运动，即可完成打印，打印速度快，但需要涂有热敏材料的专用打印纸，因而费用较高。

采用激光复印原理的激光式打印机是另一种点阵式打印机，它的打印分辨率高于其他几

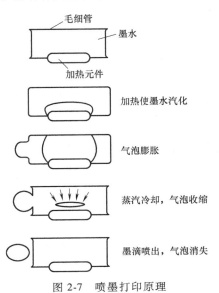

图 2-7　喷墨打印原理

种打印机，同时具有较高的打印速度。它用激光束代替打印头，以包含图文信息的激光束扫描硒鼓表面，在硒鼓表面产生静电图像，然后用墨粉将静电图像转印到纸上，实现

图文打印功能。随着制造成本的不断降低，激光式打印机正在逐步取代其他打印机而成为打印机市场中的主角。

通过以上实例可以看到，可以通过多种不同的方法实现同一种功能。功能原理设计的任务是在众多可用的功能原理中选择最适合于所开发产品的原理。

功能原理设计的结果对产品设计起着非常重要的作用。

1）功能原理设计的创新会使产品的品质发生质的变化。电子表取代机械表的设计对提高计时器的计时精度和降低产品成本都起到了重要的作用；晶体管代替电子管使各种电子产品的体积和成本大幅度降低，功能极大增强；计算机外部存储设备从卡片、纸带、磁芯、软盘发展到现在使用的光盘和 U 盘，不但极大地提高了信息存储能力和存取速度，而且提高了信息存储的安全性。功能原理的改变给产品性能带来的是本质的改变。

2）功能原理设计是提高产品竞争力的重要手段。通过选择适当的功能原理，可以使产品具有其他产品所不具有的功能，或使产品具有优于其他同类产品的性能，或低于其他同类产品的价格。所有这些都有助于提高产品的市场竞争力。

在过去很长的时间里，功能原理设计的重要性被人们忽视，早就有人预言：一般机电产品的功能原理已经定型，今后关于这些产品设计的任务就是改进结构，改进工艺，提高性能。事实表明，随着消费者消费水平和消费观念的进步，会对已经实现了的功能提出更新的、更高的要求，科学技术的发展会为已经实现的功能提供新的、可供使用的新技术、新原理、新材料、新方法，使得已经实现的功能在新的技术背景下可以实现得更好。

功能原理设计的基本方法是：首先通过发散思维的方法，尽可能广泛、全面地探索各种可能的功能原理方案，然后通过收敛思维的方法，对这些方案进行分析、比较、评价，从中选择最适宜的功能原理方案。

针对不同类型的功能原理设计问题，人们通过总结成功的创新设计实践，提出了一些有效的方法。以下各节分析一些主要的功能原理创新设计方法。

2.2　工艺功能设计方法

工艺功能是指对被加工对象实施加工的功能。通过加工，可以改变被加工对象的形状、体积、表面形貌、材料状态和内在品质。

对被加工对象实施加工的过程就是对其施加某种作用，这种作用要以某种场作为媒介施加给被加工对象，而这种场的建立与边界条件有关。在功能分析中，将用于构造场所需边界条件的实体称为工作头。

针对工艺功能的创新设计问题，前苏联的一些科学家提出了一种分析方法，称为物—场（substance—field）分析法。物—场分析法认为：在任何一个最基本的工艺功能类技术系统中，至少存在一种被加工对象（物质2）、一种工作头（物质1）和一种作用方式（场），工作头（物质1）通过某种作用方式（场）对被加工对象（物质2）施加作用，实现对加工对象的加工功能。工作头也称为工艺功能的主体，例如常见工艺系统中的刀具、工具等。被加工对象也称为工艺功能的客体，例如常见工艺系统中的工件、物料等。场是工作头对被加工对象实施作用的媒介，可以是重力场、引力场、电场、磁场、声场、光场、温度场、应力场等物理场，也可以是化学反应、生物作用等方式。

构建工艺功能需要首先选择作用方式，即选择作用场的类型，然后确定施加场作用的工作头，包括确定工作头的材料、形状、运动轨迹和运动速度。工艺系统中的作用场、工作头形状和工作头运动方式称为工艺系统的三要素。由于工艺功能系统原理方案设计中可以选择和变换的因素多，所以具有很大的创造空间。

在设计工艺功能时，由于问题的前提条件和设计所追求的目标不同，应采用不同的求解方法。

1. 为新的工艺系统选择作用场和工作头

当需要构造的是尚不存在的新的工艺系统时，首先应广泛地探索可能对被加工对象实施作用的各种场的形式。例如，当需要构造用于消除空气中有害物质成分的工艺系统时，应首先广泛地探索对有害物质成分施加电场、磁场、声、光、加热，冷却、过滤及诱发化学反应等方法的可能性及方便程度，同时构思施加这种作用场的工作头的形状及运动方式。

美国人卡尔逊在发明复印机的过程中曾经历过多次失败，通过总结自己和前人的失败经历后发现，大家的探索努力都试图通过化学反应的方法实现复印功能，探索的失败说明在化学功能领域很难找到适合于实现复印功能的效应。卡尔逊转而在物理效应领域中探索复印功能的求解，最终发明了现在被广泛使用的静电复印技术。

卡尔逊发明的静电复印技术首先利用某些物质在光照条件下导电性质的改变（光导电性）形成静电图像，再通过静电对墨粉的静电吸引形成墨粉图像，最后将墨粉图像转印到纸张上，形成复印件。图 2-8 所示为卡尔逊发明的静电复印方法的简图。

在图 2-8 中，图 a 所示为在接地的锌板表面设置硫磺薄膜。图 b 所示为使用羊毛布摩擦硫磺表面，使表面携带静电。由于硫磺在这种状态下不导电，使得静电可以保持。图 c 所示为用强光透过印有图像的玻璃板照射布有静电的硫磺表面，由于硫磺具有光导电性，被光照射位置的静电荷通过接地的锌板而流失，未被光照射位置的静电荷保持不变，形成不可见的静电图像。图 d 所示为向锌板表面撒墨粉，再把多余的墨粉倒掉，有静电荷的位置处由于静电荷吸引墨粉，形成可见的墨粉图像。图 e 所示为通过加热蜡纸，将墨粉转印到蜡纸上。现代的复印机在光导电材料的选择及其他工艺细节上都有了很大的进步，但是基本的工艺功能仍采用光导电性原理。

在为新的工艺系统选择作用场和工作头时，既要积极地在相近似的工艺系统中寻求有益的技术要素，又要注意避免过分地受到这些已有的工艺系统解决问题方法的约束，限制设计者探索新方法的范围。例如，当需要用机械装置实现以前用手工完成的工艺功能时，不要将探索的范围局限在以前手工工艺系统的范围内，要充分发挥机械装置的优势条件，选择更适合于机械装置工作的作用场、工作头形状和运动方式。

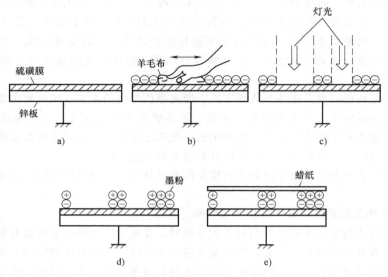

图 2-8　卡尔逊静电复印方法的简图

例如，在人手工完成缝制布料的工艺过程中，一直采用的是头部有尖、尾部带孔的针作为工作头，通过用针尖反复穿透并穿过缝料的方法，引导缝线连接在缝料上。人类在发明缝纫机的过程中，最初也试图模仿人手工缝制缝料的方法，采用尾部穿孔的针引导缝线，但是由于这种设计方法无法解决机针的夹持问题，经过很长时间的探索都没有成功。实践表明，模仿人手工缝制缝料的方法构思机械缝纫工艺系统不一定是好的选择。现在普遍使用的缝纫机是通过针头穿孔的缝针所引导的面线与位于缝料底部的、由摆梭引导的底线互相绞合的方法实现缝纫工艺功能的。

人手工切碎不同种类的食物时大都通过人手驱动刀具进行直线往复的切削运动和进给运动完成，但是通过机械装置实现直线往复运动的成本和难度远大于实现连续的旋转运动的成本和难度，所以人类发明的绞肉机、食品切碎机、切肉片机等机械都更多地采用连续旋转运动代替直线往复运动。

作用场和工作头的选择还与设计者所追求的设计目标紧密相关。例如，在垃圾减量化处理设备中，有以减小垃圾体积为目的的垃圾压缩装置，也有以减少垃圾重量为目的的垃圾烘干装置。

2. 改善已有工艺系统中的作用场和工作头

在对已经存在的工艺系统进行改进设计时可以针对工艺系统在使用中表现出来的缺陷，通过改变工作头的材料、尺寸、形状、运动方式以及作用场的各种作用参数，完善已有的工艺过程，改善工艺性能。

在平板玻璃制造工艺中，长期采用的是垂直引上法完成平板玻璃成形的工艺过程。这种方法将处于熔融状态的玻璃从熔池中不断地向上牵引，使玻璃一边不断上升一边不断凝固，并通过轧辊的间距控制平板玻璃成形后的形状和尺寸，如图 2-9a 所示。

由于轧辊的表面尺寸、形状、位置误差、表面形貌以及工作中的振动，用这种方法制造的平板玻璃表面不可避免地存在波纹、厚度不均匀等表面缺陷。

现在普遍采用的浮法玻璃制造工艺，使熔融的玻璃在低熔点、高密度的液态金属表面上一边向前流动一边凝固，如图 2-9b 所示。用这种方法制造的平板玻璃表面既平整又光洁。

在浮法玻璃制造工艺中充当工作头角色的是低熔点、高密度的液态金属，作用场是

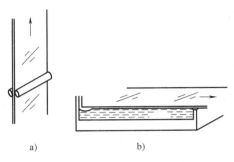

图 2-9　平板玻璃制造工艺的完善
a）垂直引上法　b）浮法

重力场，重力场中的液态金属为凝固过程中的玻璃提供了非常平整、光洁的支承平面。

在使用钻头钻孔时，钻头的切削力与钻削速度、钻屑厚度和钻屑宽度有关，切削力与钻屑厚度和钻屑宽度成正比，对钻屑宽度更敏感，而对钻屑厚度的敏感程度较低，在切削效率相同的条件下，适当增大钻屑厚度，减小钻屑宽度，有利于减小切削力和切削热。对于传统的普通麻花钻头（见图 2-10a），切屑宽度就等于两条切削刃的总长度。图 2-10b 所示的分屑钻头通过在切削刃上刃磨出分屑槽，使切屑长度减小，切屑厚度增大，对于提高钻孔的效率和质量有明显的效果。

修建公路时使用的普通压路机通过自身重量可将路基和路面压实、压平，在路面维修时使用的小型压路机体积小，自身重量轻，单靠自身重量的作用无法保证压实路面的质量。通过改变压路机工作头的运动方式，将静态碾压改为振动式碾压（见图 2-11），可以通过较小的自身重量实现压实路面的功能要求。

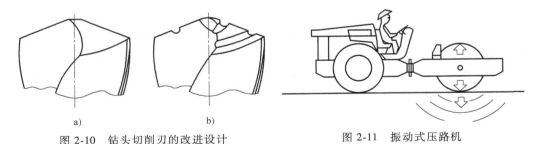

图 2-10　钻头切削刃的改进设计
a）普通麻花钻钻头　b）分屑钻头

图 2-11　振动式压路机

3. 为已有的工艺系统添加新的作用场和工作头

为了改善已有工艺系统的性能，可以采用在同一个工艺系统中使用多种工作头、施加多种作用场的方法。

例如，在金属切削过程中，刀具的切削刃将切削力作用于工件，构成一个最小工艺系统，如果在这个已有工艺系统的基础上再增加另一种物质——切削液，由于切削液的作用，对切削过程起到润滑和冷却作用，可以有效地改善切削工艺条件，减小切削力，

提高切削质量。在这个工艺系统中，切削液是除刀具以外的另一种工作头，它通过温度场作用于被加工的工件，同时在刀具与工件之间形成润滑膜，改善润滑状态。

在铆接操作中，通过工作头对铆钉头部施加力的作用，使铆钉头部发生塑性变形，实现连接功能。对直径较大的金属铆钉，在低温状态下铆接，铆钉材料的变形阻力较大，有些材料（如塑料）在低温状态下的塑性较差。如果在施加力作用的同时对铆钉头进行加温，可以改善工件（铆钉）的塑性，减小铆钉的变形阻力，改善铆接工艺性能，使铆接操作更容易。由于铆接后铆钉在冷却过程中的体积收缩，也有利于提高铆接结构的承载能力。可以通过火焰加热的方法为铆钉加温，可以通过电流场为铆钉加温，也可以直接通过铆接工具向铆钉传热的方法加温。

4. 为已有的工艺系统选用新的作用场或工作头

通过对工艺系统的分析可以发现，对于同样的工艺要求，可以通过完全不同的作用场实现，同样的作用场也可以通过不同的工作头施加。

例如：切割材料最常用的工艺方法是通过刀具对工件施加力的作用来实现切割，但是，应用这种方法设计的便携式割草机使操作过程不安全。新型便携式割草机将工作头改为尼龙线，通过高速旋转的尼龙线的抽打，实现割草的功能，如图 2-12 所示。这种方法既快捷又安全。

利用刀具切割一些硬、脆的材料也会遇到困难。水刀切割方法利用高速喷射的水流（水流中可以携带细沙粒，喷射速度达 800~1000m/s）对材料的冲击作用实现对材料的切割，它可以用来切割玻璃、花岗岩、不锈钢、陶瓷等硬材料，也可以切割纸板、布料等软材料，还可以用来切割低熔点材料。

除了水刀切割以外，现在用来切割的方法还有气割、等离子切割、激光切割等。

膨化食品是一类常见的休闲食品，是将原料放入封闭容器中加温、加压，然后迅速释放，即可得到可以食用的膨化食品。

这种方法虽然生产设备简单，但是不适合于大规模工业化生产。

膨化食品挤压机（见图 2-13）通过上部的入口加入待加工的、生的食品原料，原料在挤压机轴外表面和孔内表面螺旋槽的作用下向出口（见图 2-13 左侧）移动，由于入口处的螺旋槽比较深，而出口端的螺旋槽比较浅，原料从入口向出口移动的过程中体积被压缩，由于体积压缩引起原料的温度迅速升高，处于高温高压环境下的食品原料从出口端的小孔中被挤出，由于环境压力减小，食品体积迅速膨胀，形成熟的膨化食品。这种方法可以连续性生产，具有很高的生产效率。

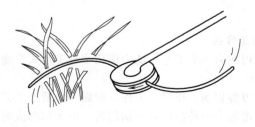

图 2-12 便携式割草机

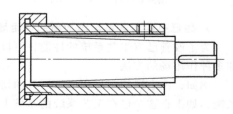

图 2-13 膨化食品挤压机

2.3　综合技术功能设计方法

机械系统功能原理设计中不应将探索功能原理的目光限制在机械功能的范围内，而应在更宽广的范围内探索各种可以实现给定功能的自然效应，并从中选择较好的功能原理解法。

通过采用新的功能原理解法，可以使系统功能发生本质的变化，极大地提升系统的性能。例如，电子表通过采用石英晶体振荡器取代机械擒纵机构作为计时基准，使计时器的计时精度发生了本质性的改变。通过将计算机控制引入机械系统设计，使得机械系统的控制可以很方便地实现很复杂的控制功能，使机械系统智能化。利用热胀冷缩效应设计的双金属片，可以很容易地测定系统的工作温度，对系统进行控制或实施保护。

很多被我们所熟知的功能已经通过某种效应实现了，但是同样的功能还有可能通过完全不同的物理效应去实现。广泛地探索更新颖的物理效应，有可能以更高的效率、更经济的方式、更可靠地实现已有的功能。

例如，要实现改变物体空间位置的功能，最常见的方法是应用车辆，通过轮轴运动的方式移动物体。除了轮轴运动方式以外，很多动物通过爬、蠕动、跳跃、喷水、滑水等方式移动自身位置，还有一些机械装置通过履带、磁悬浮、电悬浮等方式移动位置，通过广泛的探索，可能发现更新颖、更有效的物体移动方式。

针对给定的功能，探索自然效应的常用方法可以分为以下几类。

1. 在已知的自然效应中探索可用的自然效应

人类在长期的探索实践中，已经积累了大量的关于自然效应的知识，在进行功能原理设计时，可以首先在这些已知的自然效应中进行广泛的查询，探索各种可能应用的自然效应，并通过科学的分析和评价，选择最适当的原理解法，并进行详细的细节设计。表 2-1 所示为部分已知的自然效应。

表 2-1　自然效应

效　　应	原　　理	应　　用
1. 力学效应 (1) 静力学效应 1) 固定连接		形锁合
2) 弹性变形 a. 拉伸	$F=\dfrac{AE}{l}\Delta l$	拉杆
b. 弯曲变形	$F=\dfrac{3EIf}{l^3}$	板簧悬臂梁
c. 接触变形 (点、线接触)	$\sigma_0=\sqrt[3]{\dfrac{FE^2}{r^2(1-\mu^2)^2}}$	

（续）

效　应	原　理	应　用
d. 横向收缩	$F=\dfrac{AE}{\mu r}\Delta r$	
e. 剪切变形	$\varphi=\dfrac{Mfl}{GI_P}$	扭簧
3）塑性变形蠕变		
4）力平衡 a. 杠杆-位移、力传递	$x_1/l_1=x_2/l_2$ $F_1l_1=F_2l_2$	指针、齿轮
b. 楔、斜面-位移、力传递	$x_1/x_2=F_2/F_1=\tan\alpha$ $H=G\sin\alpha$	丝杠、螺栓、斜槽
c. 绳节点		
5）摩擦 a. 库仑摩擦	$F_R=\mu F_N$	制动器摩擦锁合
b. 挠性体摩擦	$F_2/F_1=e^{\mu\alpha}$	锚绳绞盘
c. 滚动摩擦（滚动阻力）	$F_W=F_Q\mu r$	轮子
6）万有引力	$F=mg$	落锤、粘接、钎焊

（续）

效 应	原 理	应 用
7）附着力	$F=ma$	
（2）动力学效应 1）线加速度	$\dot{\omega}=M/I$	
2）旋转加速度	$a=\omega^2 r$	
3）向心加速度	$a=2\omega v_r$	
4）哥氏加速度	$\Delta l=l_0 a\Delta T$	
2. 热力学效应 （1）热膨胀	$Q=\dfrac{\lambda A}{d}\Delta T$	温度计
（2）热传导	$Q=cA[(T_1/100)^4\\-(T_2/100)^4]$	热交换绝缘
（3）热辐射	$Q=aA\Delta T$	暖气片
（4）对流	$Q_{ZU}=$常数	暖气恒温
3. 流体效应 （1）静态液体、气体效应 1）浮力	$F_A=V\,|\rho_1-\rho_2|$	漂浮
2）自重压力	$p=\rho gh$	高位容器
3）压力传递力-位移传递 （利用不可压缩性）	$F_1/A_1=F_2/A_2$ $x_1 A_1=x_2 A_2$	液压装置、气动装置

（续）

效　应	原　理	应　用
4）可压缩性	$\Delta V = \left(1 - \dfrac{p_1}{p_2}\right)V_1$	气体弹簧
（2）动态液体、气体效应 1）流体阻力	$F = \dfrac{\rho}{2}v^2 A C_W$	降落伞
2）黏滞性	$F = A\eta\dfrac{v}{h}$	
3）截面运动推力	$F_A = C_A\dfrac{\rho}{2}v^2 A$	机翼
4）全压头（顶风压）	$p = \dfrac{\rho}{2}v^2$	
5）反冲力	$F = mv_r$	
6）Magnus 效应	$F = 2\pi\rho R^2\omega vl$	
7）Coanda 效应（射流效应）	1—喷嘴 2—集流嘴 3—低压旋涡	
4. 电磁效应 （1）磁吸引力	N　S　　S　　　N	永磁体电磁铁
（2）静电引力	$F = \mu_0\mu_r\dfrac{Q_1 Q_2}{L^2}$	
（3）电阻	$I = U/R$ $P = I^2 R$ $R = \dfrac{1}{A}\rho$	
（4）电磁感应	$F = BlI$	电动机，发电机
（5）压电效应		煤气点火器

（续）

效　　　应	原　　　理	应　　　用
（6）电致伸缩		超声发生器
（7）磁致伸缩		超声发生器
5. 光、声效应 （1）波传导	))))))))))))	光纤通信
（2）能量传送	□ - - - - - - - - -)	激光微波
（3）热效应		红外加热
（4）光压，声压 （5）光吸收，声吸收	$F = \rho v c A$ $F = 2 \frac{\bar{s}}{c} A$	太阳能利用

2. 发现新的自然效应

有些自然效应虽然早已被人类知晓，但是却没有充分地利用这些效应实现有用的功能，或只在有限的范围内得到应用。通过充分发掘这些已知自然效应的应用价值，可以获得意外的效果。

飞行器在低空飞行、起飞以及着陆时，由于靠近地面，可以获得比高空飞行大得多的升力和更小的飞行阻力，这种效应被称为地面效应。

20 世纪 60 年代开始，前苏联的科学家开始研究将这种效应应用于飞行器设计的可能性，并在 20 世纪 70 年代研制成功应用这种效应进行低空飞行的地效飞行器。地效飞行器既能在天空飞翔，也可以在水面上滑行。地效飞行器在承载能力方面比普通飞机具有更大的优势。例如，波音 747 客机的有效载荷仅为其自重的 20%，而地效飞行器的有效载荷可达自重的 50%。地效飞行器的应用可以大幅度地降低运输成本，提高飞行器的安全性。

在核反应堆中驱动控制棒升降的传动机构对反应堆的链式反应过程起控制作用，传动机构工作在超高温、超高压、超强辐射的恶劣环境中，一般的机械传动装置在这种环境下无法长时间正常工作，现有的一些传动装置设计方案常因为润滑和密封等问题使装置无法可靠地工作。清华大学核研院研制的水力驱动控制棒通过流动的水驱动控制棒运动，支承控制棒，使其长时间保持正确位置，较好地解决了控制棒控制的安全性问题。

3. 创造新的自然效应

有些自然效应只能在特殊的条件下才能发生，而这种特殊条件在自然环境中并不存在，如果人为地创造这种特殊的环境条件，就可以创造出在自然界中不存在的自然效应。

电饭锅的温度控制功能要求在高于100℃时切断加热线路，其装置如图2-14所示。磁钢限温器中的感温软磁与永磁体吸合后使触点K闭合，加温线路导通。当锅内无水时，锅底温度迅速升高，当温度达到103℃时达到感温软磁材料的"居里点"，感温软磁材料失去磁性，弹簧力将感温软磁与永磁体分开，触点K断开，电饭锅停止加热。控温装置中的感温软磁是一种能够在103℃时失去磁性的、特殊的铁磁物质，自然界中并不存在具有这种特性的物质，只能通过人工合成方法制成。

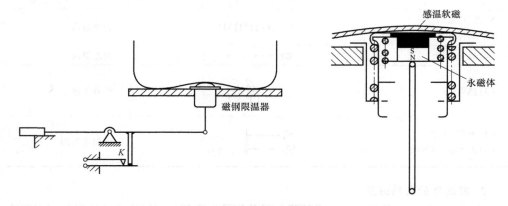

图2-14 电饭锅温度控制装置

2.4 功能组合设计方法

求解机械设计问题的重要特征之一是设计问题的多解性。为了能够在众多可行解中寻求较优的解答，首先需要广泛地探索各种可行解，然后通过科学的评价、筛选，得到较优秀的解答。功能组合设计方法就是一种使设计者可以广泛探索各种可行解的设计方法。

复杂机械装置的总功能需要通过装置中各部分的组合与协调来实现，装置各部分所完成的功能称为隶属于总功能的分功能。

求解机械功能的过程中，首先将机械装置的总功能分解成一组分功能，各项分功能的组合可以恰好完成总功能，各项分功能之间没有重复，各项分功能的组合不超出对总功能要求的范围，也不遗漏任何一项功能。

由于对各项分功能的要求比总功能更简单，所以逐个求解分功能的难度通常比直接求解总功能的难度更小，一旦所有的分功能都得到适当的解答，对总功能的解答也就被确立了。如果某项分功能无法直接求解，可以仿照前面的方法将其进一步分解，直至所有的分功能都得到有效的解答。

通常每项分功能的解答都是不唯一的，通过将各项分功能的不同解答进行充分的组合，就可以得到大量的关于总功能的解答。只要对功能的分解和对分功能的求解过程是适当的，求解过程就不会遗漏可行解。通过对这些可行解的分析、评价和筛选，可以得到较优秀的总功能解，参见图 2-15。

设第 i 项分功能的解答有 k 个，经过充分组合后可以得到的总功能解数量为

$$N = \sum_{i=1}^{n} k_i$$

有些分功能解之间是不相容的，有些组合的结果明显不合理，将这些无效的组合删除后仍可以得到大量的有效解答，通过对这些解答的可行性、经济性、先进性、竞争性进行评价，可以得到较优秀的原理方案。

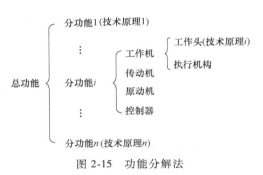

图 2-15 功能分解法

例如，轴系结构的功能之一是通过合理地配置轴承，使轴系相对于箱体在两个方向上均实现定位。双支点轴系结构的轴向定位分别通过两个支点的定位方式实现，每个支点相对于箱体的轴向定位方式可以有图 2-16 所示的 4 种情况。

图 2-16 单个支点轴向定位方式

将这 4 种定位方式进行组合，可以得到双支点轴系轴向定位的 16 种可能方式，如图 2-17 所示。

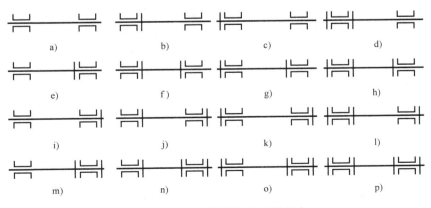

图 2-17 双支点轴系轴向定位方式

在这 16 种定位方式中，方案 g、h、j、l、n、o、P 存在过定位，实际不被采用。在其余的 9 种方案中，方案 b 与 e、方案 i 与 c、方案 d 与 m 分别为对称方案，余下的 6 种方案均为可行方案。其中，方案 f 和 k 分别为两端单向固定的正装和反装轴系结构，通常用于支点跨距较小而且工作温升较低的场合；方案 d 为一端固定、一端游动轴系结构，通常用于支点跨距较大或工作温升较高的场合；方案 a 为两端游动轴系结构，用于轴系中的其他零件具有双向轴向定位功能的场合，例如，通过一对人字齿轮或双斜齿轮啮合的轴系结构中，其中一个轴系结构应采用两端游动结构；方案 b 和 c 为一端单向固定轴系结构，可用于轴系中的其他零件具有单向轴向定位功能的场合，例如锥齿轮轴系、活顶尖轴系、只受重力作用的立式轴系等。

2.5　设计目录方法

如果将机械装置通常所完成的基本功能解加以整理，汇集成为可以方便检索的数据库，在对机械设计问题进行求解时，就可以在对总功能进行功能分解的同时，借助于对基本功能解数据库的检索，构造功能解法。这种利用基本功能解法数据库进行功能原理方案设计的方法称为设计目录方法。

设计目录方法认为，设计过程是对设计信息进行获取、存储、提取、组合等处理的过程，如何全面、正确、合理地利用信息是提高设计效率和设计质量的关键问题。

设计目录包含关于设计问题基本解法信息的数据库。设计目录利用计算机技术将这些信息数据分类、排列、存储，以便在设计中可以根据设计功能要求方便地进行检索和调用。在智能设计软件系统中，科学、完备、使用方便的设计信息数据库是解决设计问题的重要基本条件。

设计目录不同于设计手册和图册，它是根据智能设计软件系统工作过程的需要编制的，关于相关设计问题的所有基本功能解法的各方面特征都提供完整、明确的描述信息，信息的描述方式考虑调用的方便和相互比较的需要。

在用功能组合设计法进行原理方案设计的过程中，基本功能解法是进行原理方案组合的基础。机械工程系统的基本功能元可以分为物理功能元、逻辑功能元和数学功能元 3 大类。

基本逻辑功能元包括"与""或"和"非"，主要用于控制功能设计，对基本逻辑功能元的详细描述见表 2-2。

表 2-2　基本逻辑功能元

功能元	关　系	符号	逻辑方程	真值表 $\binom{0—无信号}{1—有信号}$
与	若 A 与 B 有，则 C 有	$\begin{matrix} A \\ B \end{matrix} \!\!\!-\!\!\!\!D\!\!-C$	$C = A \wedge B$	$\begin{matrix} A & 0 & 1 & 0 & 1 \\ B & 0 & 0 & 1 & 1 \\ C & 0 & 0 & 0 & 1 \end{matrix}$

（续）

功能元	关　系	符号	逻辑方程	真值表 $\left(\begin{array}{l}0—无信号\\1—有信号\end{array}\right)$
或	若 A 或 B 有，则 C 有	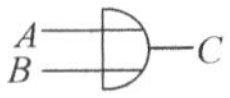 $\begin{array}{l}A\\B\end{array}$ ⊃— C	$C = A \vee B$	$\begin{array}{l}A\ 0\ 1\ 0\ 1\\B\ 0\ 0\ 1\ 1\\C\ 0\ 1\ 1\ 1\end{array}$
非	若 A 有，则 C 无	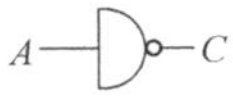 A —▷o— C	$C = -A$	$\begin{array}{l}A\ 0\ 1\\C\ 1\ 0\end{array}$

同样的逻辑功能可以分别通过机械、强电、电子、射流、气动、液压等多种不同的物理方法实现。表 2-3 所列为用不同的物理方法实现基本逻辑功能的解法目录。

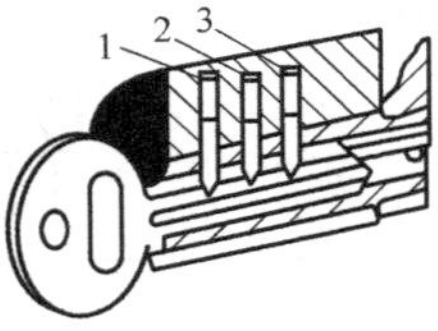

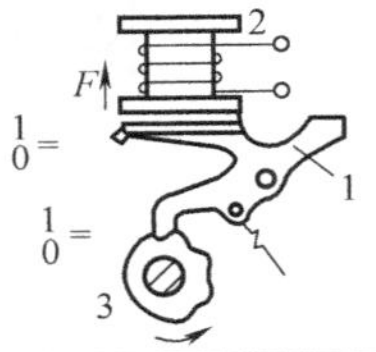

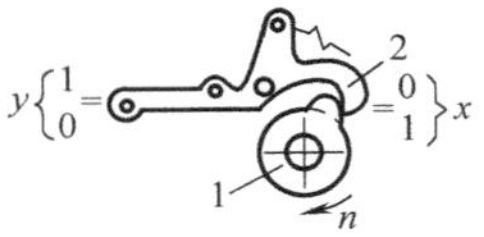

表 2-3　逻辑功能元的物理解法目录

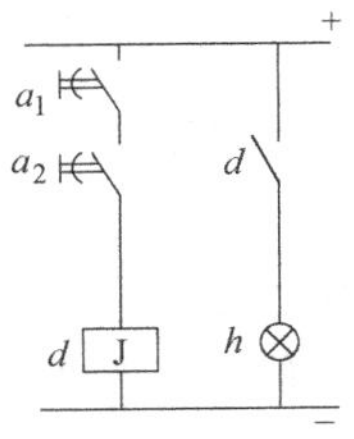

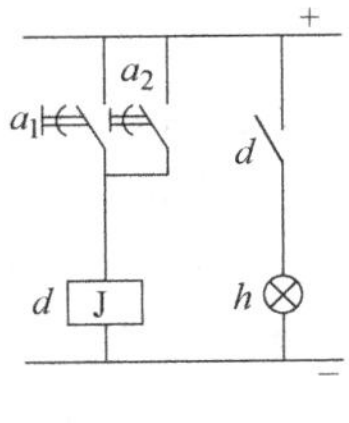

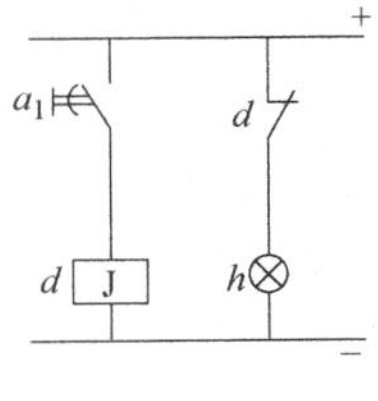

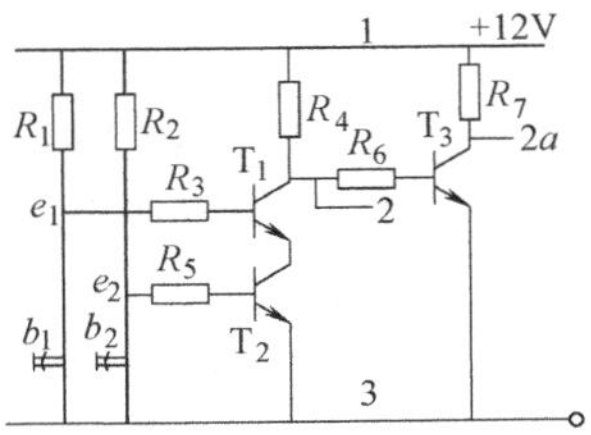

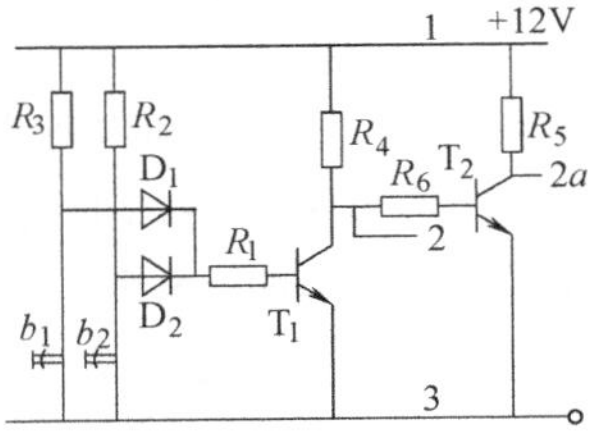

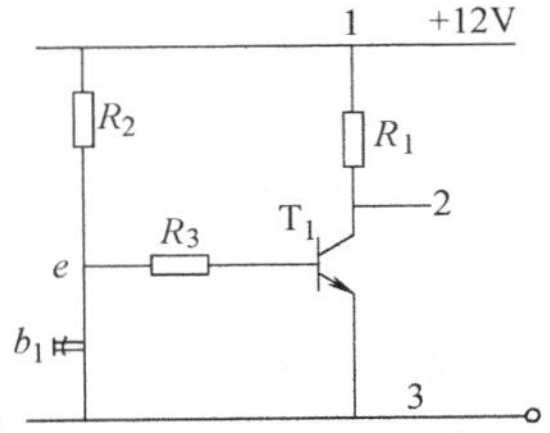

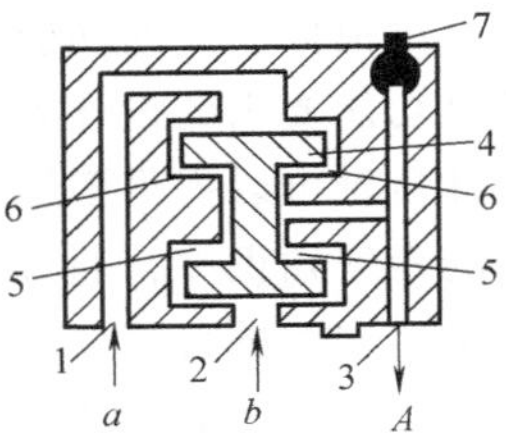

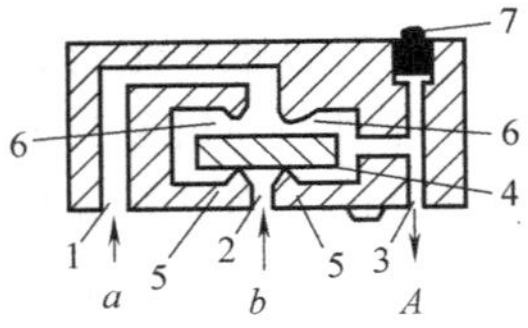

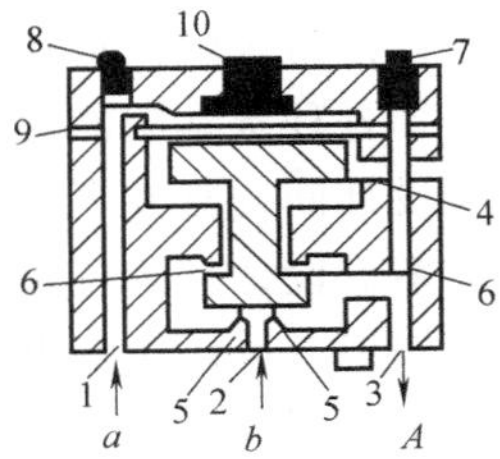

系统		"与"元	"或"元	"非"元
射流系统	射流元件		非　或	
	气液系统			

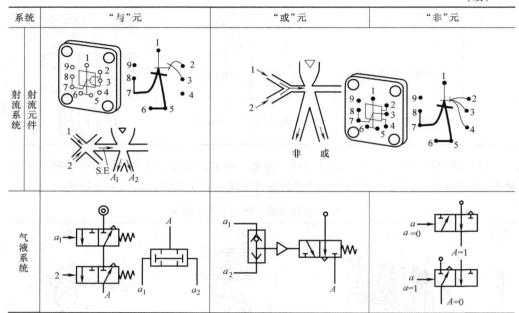

数学功能元包括加、减、乘、除、乘方、开方、微分与积分等，也可以通过多种不同的物理解法实现。

物理功能元是反映对系统中能量、物质及信息变化的基本物理作用，常见的基本物理作用有变换、缩放、连接与分离、传导、存储等。

变换作用包括使能量、物质及信息在不同形式、不同形态之间的转变；缩放作用指改变能量、物质及信息的大小；连接、分离指同类或不同类的能量、物质及信息在数量上的结合与分离；传导指能量、物质及信息的位置变化；存储指对能量、物质及信息在一定时间范围内的保存。

一些常用的力学效应、液压及气压效应和电磁学效应的解法目录见表2-4。

为了实现相同的功能，可以采用多种不同的物理解法。例如，对于将力放大的功能，分别可以采用表2-5所示的增力机构及表2-6所示的二次增力机构。

设计目录根据系统工程的方法编制，使得设计者可以根据设计的功能要求，方便、快捷地检索到所需要的功能元。

设计目录除包括功能元库以外，还包括组合方法库，可以根据设计的功能要求，通过选择各种基本功能元，并将其进行合理的组合，得到满足功能要求的设计方案。

设计问题具有多解性，通常针对同一组设计要求，设计目录可以提供多组可行的设计方案。设计目录还包含用于对设计方案进行评价和筛选的专家知识库，通过调用这些专家知识，可以对多组设计方案进行评价，并根据评价结果对方案进行筛选，删除其中明显不合理的方案，将其他方案及其评价结果提供给设计者作为选用的参考。

表 2-4 部分物理功能元的解法目录

功能元	解法	力学机械	液气	电磁
力的产生	静力	弹性能　位能	液压能	静电　压电效应
	动力	离心力	液体压力效应	电流磁效应
摩擦阻力的产生		机械摩擦	毛细管	电阻
力-距离关系		片簧	气垫	电容
固体的分离		$\mu_2 > \mu_1$ 摩擦分离	$\gamma_{k1} < \gamma_F < \gamma_{k2}$ 浮力	磁性　非磁性 磁分离
长度距离的放大		$s_2 = s_1 \dfrac{l_2}{l_1}$ 杠杆作用	$s_2 = \dfrac{A_1}{A_2} s_1$ 流体作用	
		$s_2 = s_1 \tan \alpha$ 楔作用	$\Delta h = h_1 - h_2 \quad \Delta r = r_1 - r_2$ $\Delta h = -\dfrac{\Delta r}{r_2^2 - r_1 \Delta r} \cdot \dfrac{2\sigma \cos\varphi}{\rho g}$ 毛细管作用	

（续）

功能元 解法	力学机械	液气	电磁
固体的分离	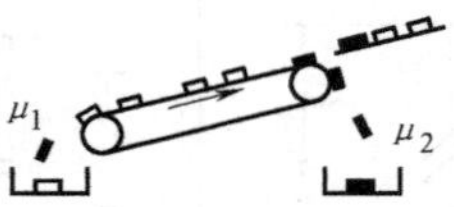 $\mu_2 > \mu_1$ 摩擦分离	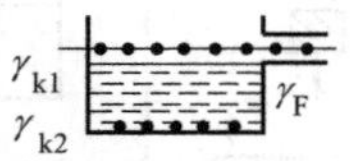 $\gamma_{k1} < \gamma_F < \gamma_{k2}$ 浮力	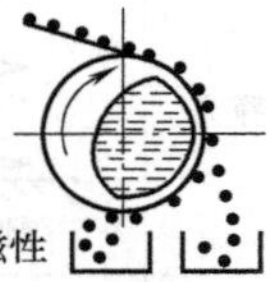 磁性　　非磁性 磁分离
长度距离的放大	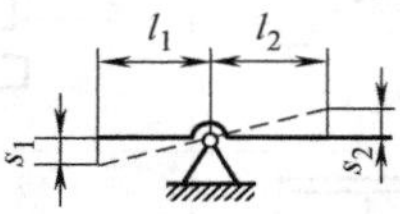 $s_2 = s_1 \dfrac{l_2}{l_1}$ 杠杆作用	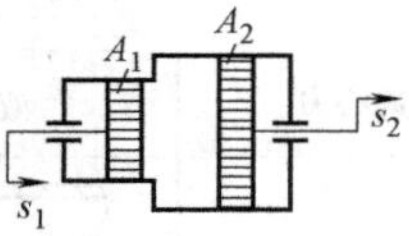 $s_2 = \dfrac{A_1}{A_2} s_1$ 流体作用	
	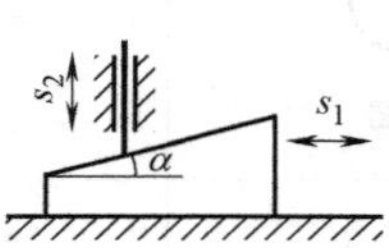	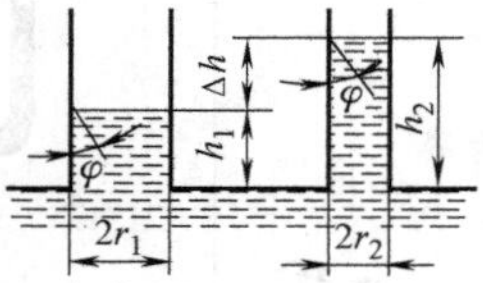 $\Delta h = h_2 - h_1$	

表 2-5　基本增力机构

机构	杠杆		曲杆（肘杆）	楔
简图	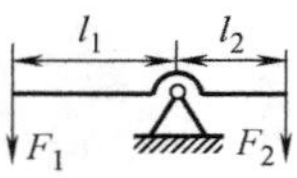	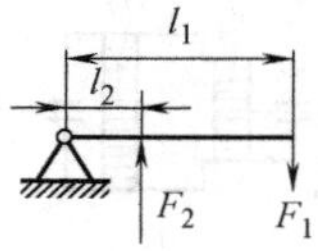	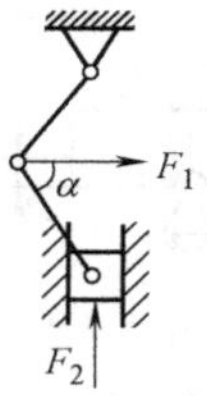	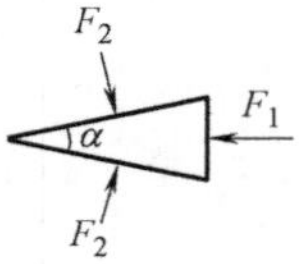
公式	$F_2 = F_1 \dfrac{l_1}{l_2} \ (l_2 > l_2)$	$F_2 = F_1 \dfrac{l_1}{l_2}$	$F_2 = \dfrac{F_1}{2} \tan\alpha \ (\alpha > 45°)$	$F_2 = \dfrac{F_1}{2 \sin \dfrac{\alpha}{2}}$

机构	斜面	螺旋	滑轮
简图	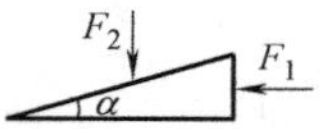	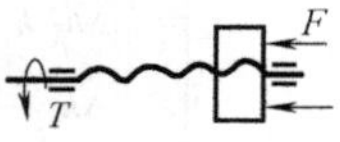	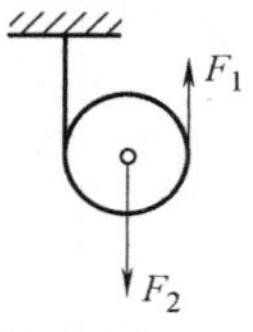

（续）

机构	斜面	螺旋	滑轮
公式	$F_2 = \dfrac{F_1}{\tan\alpha}$	$F = \dfrac{2T}{d_2\tan(\lambda+\rho)}$ d_2—螺杆中径 λ—螺杆升角 ρ—当量摩擦角	$F_2 = \dfrac{F_1}{2}$

表 2-6 二次增力机构

输入＼输出	斜面	肘杆	杠杆	滑轮
斜面（螺旋）	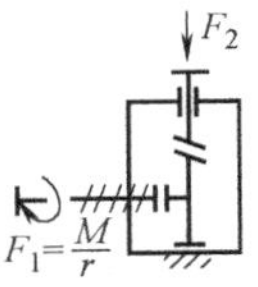	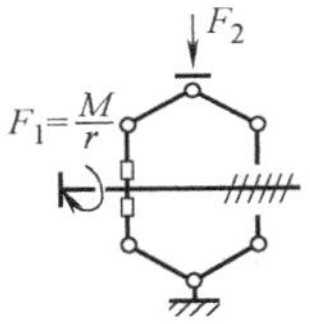	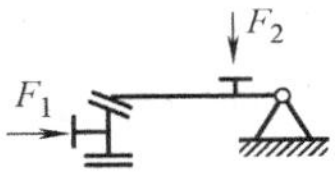	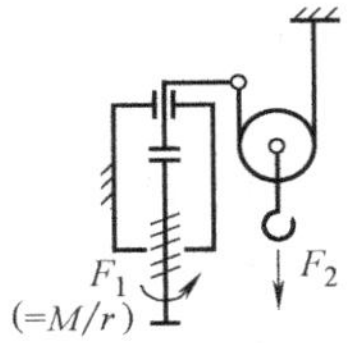
肘杆	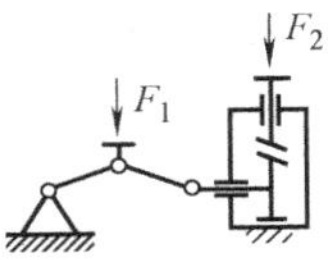	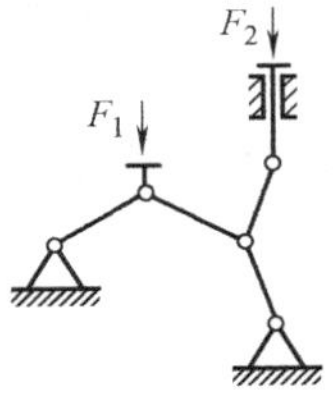	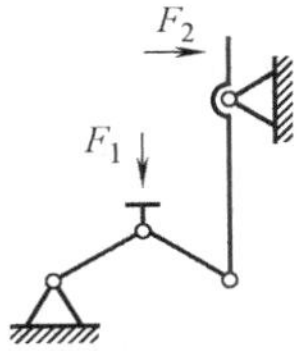	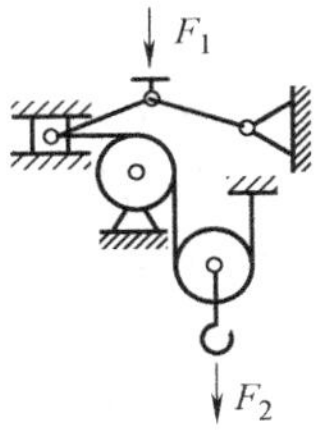
杠杆	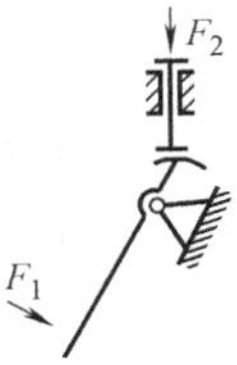	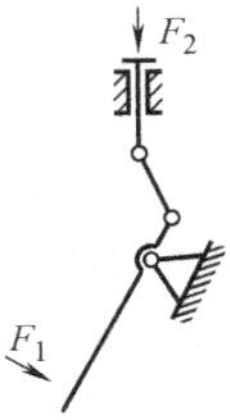	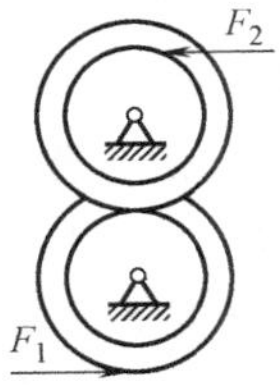	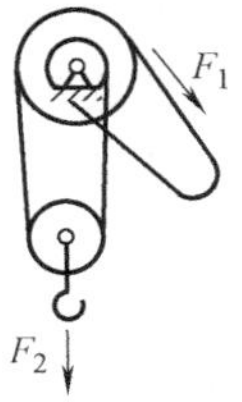
滑轮	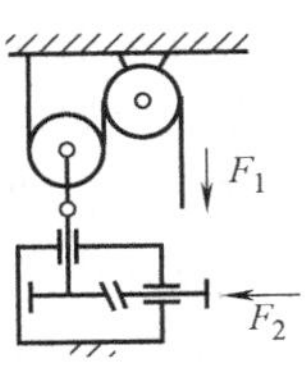	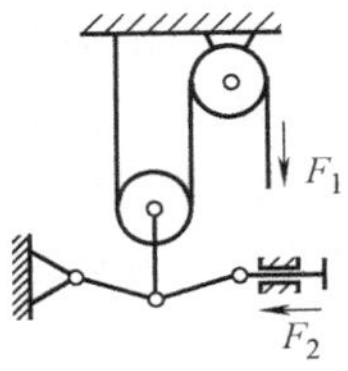	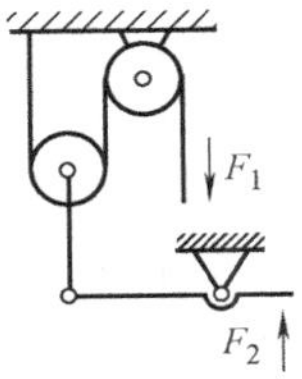	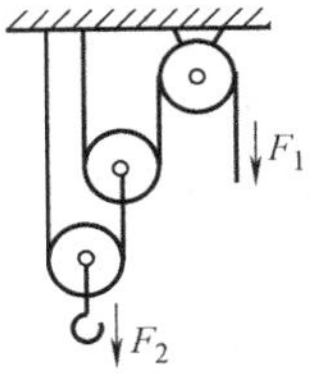

2.6　功能元素方法

对于复杂的功能原理设计问题，可以通过功能分解的方法将复杂的总功能分解为较简单的分功能加以求解，使问题求解的难度得到简化。设想如果将常用的机械功能预先充分简化，得到一组完备的基本功能，并预先求得它们的若干种解法，那么在求解一般机械设计问题时，就可以通过将这些已经被求解的基本功能进行充分组合，得到任意复杂的特殊功能。这是一些学者提出的关于求解机械设计问题方法的一种设想，这种方法称为功能元素方法。

功能元素方法得以应用的条件是预先得到一组完备的功能元素的解法，这组功能元素应具有以下特征：

1）基本，即它们不能被继续分解。

2）完备，即用它们可以组合成任意复杂的机械功能。

3）可解，即对每一项功能元素至少存在一种解法。

一些学者总结出如下的一些基本功能元素组：

放出——吸收；传导——绝缘；集合——扩散；引导——阻碍；

转变——恢复；放大——缩小；变向——定向；调整——激动；

连接——断开；结合——分离；接合——拆开；储存——取出。

如果功能元素方法可行，求解机械设计问题就可以像求解电子电路设计问题那样，通过一系列集成功能单元的组合实现要求的机械功能。

现在这种方法仍处于研究阶段。

2.7　发明问题解决理论

发明问题解决理论（TRIZ）是前苏联的一批科学家提出的一种创新设计理论。

前苏联学者阿利特舒列尔（G. S. Altshuler）及其领导的一批研究人员，从 1946 年开始，花费了 1500 人·年的工作量，在分析、研究世界各国的 250 余万件专利文献的基础上，提出了用于解决创新设计问题的发明问题解决理论。这一理论的提出与传播对全世界的创新设计领域产生了重要的影响。

产品设计问题分为新产品设计问题和已有产品的改进设计问题。发明问题解决理论特别适用于求解已有产品的改进设计问题。

发明问题解决理论认为，所有的技术系统都是不断进化的，技术系统进化的动力是不断地解决出现在系统中的冲突。发明问题解决理论的重点内容在于如何确定出现在技术系统中的冲突种类、如何表达冲突以及如何确定解决冲突的方法。它的基本方法是建立在对已有技术系统中所存在的工程冲突的分析基础之上的。在设计中解决冲突的最一般的方法是折中（互相妥协）。发明问题解决理论提出了消除冲突的发明原理，建立了消除冲突的基于知识的逻辑方法。

发明问题解决理论将工程中遇到的冲突划分为两大类：一类称为技术冲突；另一类称为物理冲突。

技术冲突是指在技术系统的一个子系统中引入有益功能的同时会在另一个子系统中引入有害功能。物理冲突是指对同一个子系统提出相反的要求。

发明问题解决理论是解决进化设计问题的一般性方法，不专门针对某个具体的应用领域。应用该理论解决具体应用领域的设计问题时，需要首先将待解决的设计问题表达（翻译）为发明问题解决理论所能接受的标准问题，然后利用该理论所提供的求解方法，求得针对标准问题的标准解，再将标准解表达（翻译）为具体应用领域的解答，得到领域解。

为了表达技术冲突，发明问题解决理论抽象出表达技术系统冲突常用的 39 个工程参数，见表 2-7。

发明问题解决理论将发明原理与发生技术冲突的工程参数之间的对应关系编制成表，称为冲突问题解决矩阵。

表 2-8 所示发明问题解决理论提出的 40 条发明原理介绍如下。

原理 1：分割

（1）将一个物体分割为几个独立的部分

例如，不同品牌的家用电冰箱中冷冻箱和冷藏箱的上下位置有不同的安排，有些产品将冷冻箱和冷藏箱设计为两个独立的部分，可以由用户根据喜好自行安排。

货运汽车完成货运功能需要进行装卸和运输。在装卸过程中，车头部分闲置，造成浪费。若将货车分解为动力部分（机车）和装载部分（拖车），在对拖车进行装卸操作的过程中可以使机车去拖动其他拖车，则可使货车各部分发挥更高的使用效率。

表 2-7　通用工程参数名称

序号	名　　称	序号	名　　称
1	运动物体的质量	12	形状
2	静止物体的质量	13	结构的稳定性
3	运动物体的长度	14	强度
4	静止物体的长度	15	运动物体作用时间
5	运动物体的面积	16	静止物体作用时间
6	静止物体的面积	17	温度
7	运动物体的体积	18	光照度
8	静止物体的体积	19	运动物体的能量
9	速度	20	静止物体的能量
10	力	21	功率
11	应力或压力	22	能量损失

（续）

序号	名　称	序号	名　称
23	物质损失	32	可制造性
24	信息损失	33	可操作性
25	时间损失	34	可维修性
26	物质或事物的数量	35	适应性或多用性
27	可靠性	36	装置的复杂性
28	测试精度	37	监控与测试的困难程度
29	制造精度	38	自动化程度
30	物体外部有害因素作用的敏感性	39	生产率
31	物体产生的有害因素		

表 2-8　发明原理

序号	名称	序号	名称	序号	名称	序号	名称
1	分割	11	预补偿	21	紧急行动	31	使用多孔材料
2	分离	12	等势性	22	变有害为有益	32	改变颜色
3	局部质量	13	反向	23	反馈	33	同质性
4	不对称	14	曲面化	24	中介物	34	抛弃与修复
5	合并	15	动态化	25	自服务	35	参数变化
6	多用性	16	未达到或超过	26	复制	36	状态变化
7	套装	17	维数变化	27	低成本、不耐用的物体代替昂贵、耐用的物体	37	热膨胀
8	质量补偿	18	振动	28	机械系统的替代	38	加速强氧化
9	预加反作用	19	周期性作用	29	气动与液压结构	39	惰性环境
10	预操作	20	有效作用的连续性	30	柔性壳体或薄膜	40	复合材料

（2）将一个物体分割为几个容易组装和拆卸的部分

机械设计中将独立的运动单元称为构件。在结构设计中，经常需要将一个构件拆分为多个独立的零件，分别制造，这样可以使制造更容易，加工成本更低，或者是为了使装配更容易，或为了使得结构的某个参数可以更方便地调整，或者是为了满足设计功能对同一个构件的不同部位的材料提出的不同要求。

（3）提高物体的可分性

例如，机械切削加工所用刀具的刀头部分会在切削过程中发生磨损，将刀杆和刀头设计为可拆卸结构，既可以方便更换刀具，又有利于提高刀杆的使用效率。

原理 2：分离

（1）将一个物体中的有害部分与整体分离

例如，家用空调器的散热器部分工作噪声很大，将散热器从空调器中分离出来，作为一个单独的部件，并安装在室外，可以最大限度地减少噪声对工作和生活环境的干扰。

（2）将一个物体中起某种专门作用的部分与整体分离

例如，将激光复印机中的成像功能从整体中分离出来，作为一项独立的功能，将其与扫描功能组合，可以构成复印机，与计算机组合可以构成打印机，和通信功能组合可以构成传真机。

原理 3：局部质量

将零件由均匀结构改为非均匀结构，按照零件不同位置的不同功能设计局部结构，使零件的每个局部都能够发挥出最佳效能。

例如，对零件的不同部位采用不同的热处理方式，或表面处理方式，使其具有特殊的功能特征，以适应设计功能对这个局部的特殊要求。

原理 4：不对称

机械零件多为对称结构，对称原则使结构设计更简单。

机械零件可以采用非对称的结构，非对称原则使机械结构设计可以有更多的选择。

机械传动中使用的轮毂结构多为两侧对称的结构。图 2-18 所示的带轮和链轮的轮毂

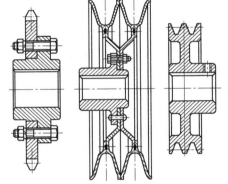

图 2-18　非对称的轮毂结构

结构设计中，为解决轮毂与轴、轮毂与轮缘的定位问题，采用了非对称的轮毂结构。

原理 5：合并

（1）将空间上相同或相近的物体合并在一起

例如，在收音机和录音机中有很多子功能可以共用，收录机的设计将二者的功能合并在一起，使总体结构更简单。电子表和电子计算器的合并可以共用电源、晶振、显示器等部件。

（2）将时间上相关的物体合并

例如，将铅笔和橡皮合并在一起，可以使人们使用铅笔写错字时很方便地使用橡皮进行修改；将制冷和加热功能集成在家用空调器中，可以使以前只能在夏季使用的空调在多个季节发挥作用，改善生活质量。

原理 6：多用性

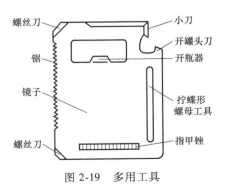

图 2-19　多用工具

（图中标注）螺丝刀　小刀　开罐头刀　开瓶器　锯　镜子　拧蝶形螺母工具　螺丝刀　指甲锉

例如，图 2-19 所示的多用工具集多种常用工具的功能于一身，为旅游和出差人员带来了方便；现在手机设计中将很多功能集成在一起，拓展了用途，性价比得到提升。

原理 7：套装

（1）将某个物体放入另一个物体的空腔内

例如，地铁车厢的车门开启时，门体滑入车厢壁中，不占用多余空间；将电线嵌入墙体内；将加热或制冷部件嵌入住房的地板或天花板中；汽车安全带在闲置状态下将带卷入卷收器中。

（2）将第一个物体嵌入第二个物体内，将第二个物体嵌入第三个物体内……

例如，多层伸缩式天线通过多层嵌套结构极大地减少了对空间的占用。使用相同结构的还有多层伸缩式鱼竿、多层伸缩式液压缸、多层梯子等。

原理 8：质量补偿

对于很多机械装置，物体的重力是主要的负载，如果能够用某种力与物体的重力相平衡，就可以减小机械装置的负载。

（1）使一个向上的力与向下的重力相平衡

例如，可以利用氢气球悬挂广告牌。电梯、立体车库等起重类机械装置设计中需要根据最大起重能力选择动力及传动装置，如果通过滑轮为起重负载配置配重，使配重等于轿厢重量与最大载重量的一半，可以将对动力及传动装置的工作能力要求降低很多。

对于精密滑动导轨，为了减小导轨的载荷，提高精度，降低摩擦阻力，可以采用图 2-20 所示的机械卸载导轨，通过弹性支承的滚子承担大部分载荷，通过精密滑动导轨为零件的直线运动提供精密的引导。

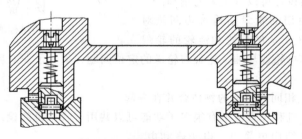

图 2-20 导轨卸载结构原理

（2）通过物体与环境的作用为物体提供向上的作用力，以平衡重力作用

例如，船在水中获得浮力，以平衡重力；飞机在空气中运动，通过机翼与空气的相互作用，为飞机提供升力。

原理 9：预加反作用

在有害作用出现之前，预先施加与之相反的作用，以抵消有害作用的影响。

例如，梁受弯矩作用时，受拉伸的一侧材料容易失效。如果在梁承受弯曲应力作用之前，通过某些技术措施对其施加与工作载荷相反的预加载荷，使得梁在受到预加载荷和工作载荷共同作用时应力较小，则有利于避免梁的失效。

机床导轨磨损后中部会下凹，为延长导轨使用寿命，通常将导轨做成中部凸起形状。

原理 10：预操作

在正式操作开始之前，为防止某些（不利的）意外事件发生，预先进行某些操作。

例如，为防止被连接件在载荷作用下松动，在施加载荷之前将对螺纹连接进行预紧；为防止螺纹连接在振动作用下发生反转，使连接松动，在预紧的同时对螺纹连接采取防松措施；为提高滚动轴承的支承刚度，可以在工作载荷作用之前对轴承进行预紧；为防止零件受腐蚀，在装配前对零件表面进行防腐处理。

原理 11：预补偿（事先防范）

事先准备好应急防范措施，以提高系统的可靠性。

例如，为了在瞬时过载的条件下保护重要零部件不被破坏，可以在机械装置中设置一些低承载能力单元，当系统出现过载时，通过这些单元的破坏使得载荷传递路径中断，起到保护其他零件的作用。电路中的熔断器、机械传动中的安全离合器等就是起这种作用的单元。

原理 12：等势性

使物体在传送过程中处于等势面中，不需要升高或降低，可以减少不必要的能量消耗。

例如，电子线路设计中，避免电势差大的线路相邻；在两个不同高度水域之间的运河上的水闸相等等。

原理 13：反向

用与原来相反的动作达到相同的目的，即不实现条件规定的作用而实现相反的作用；使物体或外部介质的活动部分成为不动的，而使不动的成为可动的；将物体颠倒。

例如，为了松开粘连在一起的物体，不是加热外部件，而是冷却内部件；为了实现工件和刀具的相对运动，使工件旋转，而刀具固定。

原理 14：球形原则

由直线、平面向曲线、球面化方向或功能转变，实现充分利用，提高效率。

例如，把管子焊入管栅的装置具有滚动球形电极。

原理 15：动态原则

使不动的物体变成可动的或将物体分成彼此相互移动的几个部分。

例如，用带状电焊条进行自动电弧焊的方法，其特征是，为了能大范围地调节焊池的形状和尺寸，把电焊条沿着母线弯曲，使其在焊接过程中成曲线形状（前苏联发明证书 258490）。

原理 16：局部作用或过量作用原则

如果难于取得百分之百所要求的功效，则应当取得略小或略大的功效。此时可能把问题大大简化。

例如，测量血压时，先向气袋中充入较多的空气，再慢慢排出；注射器抽取药液时先抽入较多的药液，再排至适量。

原理 17：维数原则

如果物体做线性运动（或分布）有困难，则使物体在二维度（即平面）上移动。相应地，在一个平面上的运动（或分布）可以过渡到三维空间；利用多层结构替代单层结构；将物体倾斜或侧置；利用指定面的反面；利用投向相邻面或反面的光流。

例如，越冬圆木在圆形停泊场水中存放，其特征是，为了增大停泊场的单位容积和减小受冻木材的体积，将圆木扎成捆，其横截面的宽和高超过圆木的长度，然后立着放（前苏联发明证书 2236318）。

原理 18：机械振动原则

使静止的振动，使振动的加强振动或者形成共振，以提高效率。

例如，无锯末断开木材的方法，其特征是，为减少工具进入木材的力，使用脉冲频率与被断开木材的固有振动频率相近的工具（前苏联发明证书 307986）。

原理 19：周期作用原则

由连接作用过渡到周期作用或改变周期作用。

例如，用热循环自动控制薄零件的触点焊接方法是基于测量温差电动势的原理。其特征是，为提高控制的准确度，用高频率脉冲焊接时，在焊接电流脉冲的间隔测量温差电动势（前苏联发明证书 9336120）；警车的警笛利用周期性原理避免噪声过度，并使人更敏感；电锤利用周期性脉冲使钻孔更容易。

原理 20：有效作用的连续性

消除空转和间歇运转，连续工作，实现事半功倍的效果。

例如，加工两个相交的圆柱形的孔如加工轴承分离环的槽的方法，其特征是，为提高加工效率，使用在工具的正反行程均可切削的钻头（扩孔器）（前苏联发明证书 M262582）。

原理 21：紧急行动（快速原理）

缩短执行一个危险或有害作业的时间，减少危害。

例如，生产胶合板时用烘烤法加工木材，其特征是，为保持木材的本性，在生产胶合板的过程中直接用 300~600℃ 的燃气火焰短时作用于烘烤木材（前苏联发明证书 338371）；闪光灯采用瞬间闪光，节省能源，同时避免对人造成伤害；焊接元件时，要尽量缩短接触时间，避免过热对元件造成伤害。

原理 22：变害为利原则

将有害因素组合来消除有害因素；利用有害的因素得到有益的结果；增加有害因素的幅度直至有害性消失。

例如，恢复冻结材料的颗粒状的方法，其特征是，为加速恢复材料的颗粒和降低劳动强度，使冻结的材料经受超低温作用（前苏联发明证书 N409938）；潜水时用氦氧混合气体，避免造成昏迷或中毒；森林灭火有时先炸开火即将通过的地方，防火烧出隔离带，达到阻止火势蔓延的目的。

原理 23：反馈

不易掌握的情况可通过信息系统进行反映或控制。

例如，自动调节硫化物沸腾层焙烧温度规范的方法是随温度变化改变所加材料的流量，其特征是，为提高控制指定温度值的动态精度，随废气中硫含量的变化而改变材料的供给量（前苏联发明证书 302382）；车上的仪表，钓鱼用的浮标等。

原理 24："中介"原则

把一物体与另一容易去除的物体结合在一起，使用中介物实现所需动作。

例如，校准在稠密介质中测量动态张力仪器的方法是在静态条件下装入介质样品及置入样品中的仪器。其特征是，为提高校准精度，应利用一个柔软的中介元件把样品及其中的仪器装入（前苏联发明证书 354135）；化学反映中的催化剂。

原理 25：自我服务原则

物体应当为自我服务，完成辅助和修理工作，或将废料（能量的和物质的）再利用。

例如，一般都是利用专门装置供给电焊枪中的电焊条，建议利用电焊电流工作的螺旋管供给电焊条；数码相机中的超声波除尘系统可以自动清除感光元件上的灰尘。

原理 26：复制原则

用简单而便宜的复制品代替难以得到的、复杂的、昂贵的、不方便的或易损坏的物体，用光学拷贝（图像）代替物体或物体系统以达到节省时间、资金、便于观察等目的。

例如，医学上用摄影方法"复制"病变部位诊断病情；采用虚拟驾驶系统训练驾驶员。

原理 27：替代原理

用廉价的不持久性代替昂贵的持久性原则，用一组廉价物体代替一个昂贵物体，放弃某些品质（如持久性）。

例如，用一次性纸杯替代玻璃杯，以降低成本；用人造金刚石替代钻石制作玻璃刀的刀头，以降低成本。

原理 28：机械系统的替代

用新的系统替代现有的系统，用光学、声学、热学、电场等系统替代机械系统。

例如，在热塑材料上涂金属层的方法是将热塑材料同加热到超过它的熔点的金属粉末接触，其特征是，为提高涂层与基底的结合强度及密实性，在电磁场中进行此过程（前苏联发明证书 445712）。

原理 29：气动液压原理

用气体结构和液体结构代替物体的固体的部分，从而可以用气体、液体产生的膨胀或利用气压和液压起到缓冲作用。

例如，充气和充液的结构（气枕，橡皮艇，电动按摩水床）、静液的和液体反冲的结构。

原理 30：利用软壳和薄膜原则

利用软壳和薄膜代替一般的结构或用软壳和薄膜使物体同外部介质隔离。

例如，充气混凝土制品的成型方法是在模型里浇注原料，然后在模中静置成型。其特征是，为提高膨胀程度，在浇注模型里的原料上罩以不透气薄膜（前苏联发明证书339406）。用塑料薄膜替代玻璃建造大棚；水上步行球。

原理 31：利用多孔材料原则

把物体做成多孔的或利用附加多孔元件（镶嵌、覆盖等）改变原有特性；如果物体是多孔的，事先用某种物质填充空孔。

例如，电动机蒸发冷却系统的特征是，为了消除给电动机输送冷却剂的麻烦，活动部分和个别结构元件由多孔材料制成，如渗入了液体冷却剂的多孔粉末钢，在机器工作时冷却剂蒸发，因而保证了短时、有力和均匀的冷却；多孔沥青路面，可降噪，渗水性好。

原理 32：改变颜色原则

改变物体或外部介质的颜色、透明度、可视性；在难以看清的物体添加有色或发光物质。通过辐射加热改变物体的辐射性。

例如，美国专利 3425412，透明绷带不必取掉便可观察伤情；变色眼镜；养路工人的工作服色彩艳丽并有荧光，保证安全；钞票上的荧光防伪图案。

原理 33：一致原则

同指定物体相互作用. 的物体应当用同一（或性质相近的）材料制成，防止化学反应和一物对另一物的损害。

例如，获得固定铸模的方法是用铸造法按芯模标准件形成铸模的工作腔。其特征是，为了补偿在此铸模中成型的制品的收缩，芯模和铸模用与制品相同的材料制造（前苏联发明证书 456679）；焊接用的焊条和焊件为形同的金属；在旧内胎上剪取橡胶片修补自行车内胎。

原理 34：抛弃与修复

采用溶解、蒸发等手段废弃已完成功能的零部件，或在工作过程中直接变化；在工作过程中迅速补充消耗或减少的部分。

例如，检查焊接过程的高温区的方法是向高温区加入光导探头。其特征是，为改善在电弧焊和电火花焊接过程中检查高温区的可能性，利用可熔化的探头，它以不低于自己熔化速度的速度被不断地送入检查的高温区（前苏联发明证书 N433397）；药物胶囊，自动铅笔，冰灯在过季后不必消除，让其自动融化。

原理 35：参数变化

这里包括的不仅是简单的过渡，例如从固态过渡到液态，还有向"假态"（假液态）和中间状态的过渡，比如采用弹性固体，通过这些转变以实现性能的优化和改变。

例如，联邦德国专利 1291210，降落跑道的减速地段建成"浴盆"形式，里面充满粘性液体，上面再铺上厚厚一层弹性物质；制作巧克力时，先将酒冷冻成一定形状，再在巧克力中蘸下；铝合金比单质的铝强度更高，更耐用；洗手液代替香皂，浓度更高且易于定量使用。

原理 36：相变原则

利用相变时发生的现象（如体积改变、放热或吸热）。

例如，密封横截面形状各异的管道和管口的塞头，其特征是，为了规格统一和简化结构，塞头制成杯状，里面装有低熔点合金。合金凝固时膨胀，从而保证了结合处的密封性（前苏联发明证书 319806）。

干冰升华时吸收大量的热，可以用于速冻、灭火、清洗、在舞台上产生云雾等效果；煤气加压后呈现液体状态，便于储存和运输，通过阀门控制，减压呈气体状态，便于使用。

原理 37：热膨胀原理

利用材料的热膨胀（或热收缩）或利用一些热膨胀系数不同的材料。

例如，温室盖用铰链连接的空心管制造，管中装有易膨胀液体。温度变化时，管子重心改变，因此管子自动升起和降落（前苏联发明证书 463423）；通过加热空气使其膨胀给热气球充气并升空；利用不同金属膨胀系数不同制成双金属片温控开关。

原理 38：加速强氧化

利用从一级向更高一级氧化的转换特性防止或加速氧化。

例如，利用在氧化剂媒介中化学输气反应法制取铁箔，其特征是，为了增强氧化和增大镜泊的均一性，该过程在臭氧煤质中进行（前苏联发明证书 261859）；中国人发明的风箱是一种鼓风工具，可往灶台中吹入空气助燃；利用臭氧发生器净化空气。

原理 39：惰性环境

用惰性气体环境代替通常环境；在物体中添加惰性或中性添加剂；使用真空环境。

例如，用氩气等惰性气体填充灯泡，防止发热的金属灯丝氧化；在粉末状的清洁剂中添加惰性成分，以增加其体积，这样更易于用传统的工具来测量；在真空中完成过程，如，在真空中包装；用松软的吸声板处理演播室、礼堂等的墙壁，并改变反射角，最大限度地消除回声。

原理 40：混合材料

利用不同物质的不同构造和特性，根据需要，用几种物质制成一种新的材料而替代单一材料。

例如，在热处理时，为保证规定的冷却速度，采用介质做金属冷却剂，其特征是冷却剂由气体在液体中的悬浮体构成；在瓷器中加入铁胎，既保持了瓷器的优良特性，又克服了其易碎的缺点；用玻璃纤维制成的冲浪板，比木质板更轻，且易于制成各种形状。

2.8　公理化设计方法

设计是在"我们要达到什么"和"我们要如何达到它"之间的映射。设计过程从明确"我们要达到什么"开始，直到得到一个关于"我们要如何达到它"的清楚的描述为止。

以往的设计过程主要是依靠设计人员的经验和聪明才智，通过反复尝试迭代的方法完成的。

公理设计理论试图通过为设计过程创立一套基于逻辑的理想思维过程及工具的理论基础来改进设计过程，使得设计过程成为一个更加科学化的思维过程，而不是完全艺术化的思维过程。

公理设计理论认为，设计过程由 4 个"域"构成，它们分别是用户域、功能域、物理域和过程域，用户域是对用户需求的描述（也称需求域），在功能域中用户需求用功能需求和约束来表达，为了实现需求的功能，在物理域中形成设计参数，最后通过在过程域中由过程变量所描述的过程制造出具有给定设计参数的产品。

公理设计理论由一组公理和通过公理推导或证明的一系列的定理和推理组成，公理设计理论的基本假设是存在控制设计过程的基本公理。基本公理通过对优秀设计的共有要素和设计中产生重大改进的技术措施的考证来确认。

公理设计理论确认两条基本公理。

公理 1：独立公理，即表征设计目标的功能需求必须始终保持独立。

公理 2：信息公理，即在满足独立公理的设计中，具有最小信息量的设计是最好的设计。

1. 独立公理

独立公理指功能需求是设计所必须满足的独立需求的最小集合，独立公理需求当有两个或更多的功能需求时，设计结果必须能够满足功能要求中的每一项，而不影响其他项。

对于一个有 3 项功能需求和 3 个设计参数的设计，其设计功能需求向量 $\boldsymbol{F}_R$ 与设计参数向量 $\boldsymbol{D}_P$ 之间的关系可以表示为

$$\boldsymbol{F}_R = \boldsymbol{A}\boldsymbol{D}_P$$

其中，$\boldsymbol{A}$ 为设计矩阵，有

$$\boldsymbol{A} = \begin{bmatrix} a_{11} & a_{12} & a_{13} \\ a_{21} & a_{22} & a_{23} \\ a_{31} & a_{32} & a_{33} \end{bmatrix}$$

写成微分形式为

$$\mathrm{d}\boldsymbol{F}_R = \boldsymbol{A}\mathrm{d}\boldsymbol{D}_P$$

设计矩阵的元素为

$$a_{ij} = \frac{\partial F_{Ri}}{\partial D_{Pj}}$$

如果 a_{ij} 为常数，则设计为线性设计；如果 a_{ij} 是 D_{Pj} 的函数，则设计为非线性设计，设计矩阵有两种特殊情况，如果设计矩阵中除对角线元素 a_{ii} 以外的所有元素 $a_{ij}=0(i\neq j)$，则

$$\boldsymbol{A} = \begin{bmatrix} a_{11} & 0 & 0 \\ 0 & a_{22} & 0 \\ 0 & 0 & a_{33} \end{bmatrix}$$

设计矩阵为对角形矩阵，如果设计矩阵中对角线以上的所有元素 $a_{ij}=0(i<j)$，则

$$A = \begin{bmatrix} a_{11} & 0 & 0 \\ a_{21} & a_{22} & 0 \\ a_{31} & a_{32} & a_{33} \end{bmatrix}$$

设计矩阵为三角形矩阵。

如果设计矩阵为对角形矩阵，每一项功能可以被一个参数所满足，这种设计称为无耦合设计，功能需求和设计参数之间相互独立；如果设计矩阵为三角形矩阵，可以按照适当的序列来确定设计参数，从而可以使功能需求与设计参数之间对应，这种设计为解耦设计。其他形式的设计矩阵不能保证功能要求的独立型，称为耦合设计。对角形和三角形设计矩阵式可以满足独立要求的设计矩阵。

当设计参数的数目少于功能要求的数目时只能产生耦合设计，当设计参数的数目大于功能要求的数目时，设计称为冗余设计。冗余设计可能满足，也可能违背独立公理。

2. 信息公理

信息公理是指信息量为最小。

在满足独立公理的设计中，具有最小信息量的设计是最好的设计，公理设计理论将设计信息量定义为功能满足的概率，即

$$I_i = \log_2 \frac{1}{P_i} = -\log_2 P_i$$

整个设计的信息量为

$$I_{\text{SYS}} = -\log_2 P_{|m}$$

其中，$P_{|m}$ 为各功能均被满足的概率，如果设计的各项功能需求是独立的，则

$$P_{|m|} = \prod_{i=1}^{m} P_{|i}$$

整个设计的信息量为

$$I_{\text{SYS}} = \sum_{i=1}^{m} I_i = -\sum_{i=1}^{m} \log_2 P_i$$

如果设计的各项功能需求不独立，则

$$I_{\text{SYS}} = -\sum_{i=1}^{m} \log_2 P_{i(j)}$$

其中 $P_{i(j)}$ 为在功能项 F_{R_j} $(j<i)$ 被满足的条件下功能项 F_{R_i} 被满足的条件概率。根据信息公理，具有最高成功概率的设计是最好的设计。

如果一项设计要求的公差小，精度要求高，则某些零件不符合设计要求，超出公差范围的可能性会增大，设计信息量是设计复杂程度的度量，越是复杂的系统，信息量越大，实现的难度也越大。

成功概率是由设计所确定的，能够满足功能要求的设计范围和规定范围内生产能力的交集。

设计确定的目标值与系数概率密度曲线均值之间的距离称为偏差。为得到可以接受

的设计，应设法减小以至消除偏差。对于单一功能的设计，可以通过修改设计参数来消除偏差。对于具有多功能需求的设计，如果设计是耦合的，为消除某项偏差而修改任何一个设计参数的同时，都会引起其他偏差项的改变，使系统无法控制；如果设计是无耦合设计，与各项功能相关的参数可以独立改变；如果设计是解耦设计，所有的偏差可以按三角形矩阵的序列加以消除。

要减小信息量还应该减小系统概率密度的方差。方差是由一系列的变化因素引起的，这些变化因素有噪声、耦合、环境变化等。

一项功能与设计参数之间的关系为

$$F_{R_i} = a_{ii} D_{P_i}$$

D_{P_i} 的设计公差为确定 F_{R_i} 的设计范围提供了依据，具体范围的大小与系数 a_{ii} 有关，a_{ii} 越小，可以接受的设计参数的公差就越大，系统实现的可能性就越大，系统的信息量就越小。

公理设计理论是麻省理工学院机械工程系的 Nam Pyo Snh 等学者自 20 世纪 90 年代以来，在对设计理论进行深入研究的基础上提出的、新的设计理论体系。

第3章　机构创新设计

3.1　简单机构的设计

3.1.1　简单动作功能机构的特点和应用

　　有一些常用的机械、用具或工具要求的动作简单，完成预期动作所需的构件数量很少，或构件种类较少。这些机械利用构件几何形体的巧妙结合，可以实现相互锁合或相互动作的功能。这些机械的设计方法称为简单动作功能的求解方法。

　　人类使用机械首先是从简单动作机械开始的，例如杠杆、轮轴、刀、锯、弓箭、弩、针线、门窗等。其结构简单，零件数量很少，但是反映了当时的机械设计水平和发展。

　　直到近代，虽然复杂的机械系统得到了迅速的发展，但是诸如拉链（见图 3-1）、魔方、双动开关、弹子锁、列车挂钩、鼠标、折叠伞等应用简单动作功能的新产品层出不穷，说明简单动作功能的求解仍然是现代机械设计的一个重要内容，值得我们注意和研究。这类机械零件数目不多，所需制造技术和设备一般要求不高，经常是使用者量大面广的产品。所以，一经投入市场，如果受到使用者的欢迎，很容易被仿制。对此，设计者应该采取必要措施（如申请专利等）加以保护。

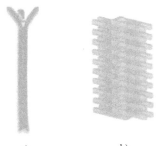

图 3-1　简单动作功能典型
实例（1）——拉链
a）最早的拉链　b）拉链模型

　　锁是人们生活中大量使用的产品。弹子锁（见图 3-2）是一种广泛使用的典型结构。由于在不同的应用场合中用户对锁提出了不同的要求，因此设计者创造出多种多样的锁，例如汽车门锁、火车门锁、自行车锁、保险柜锁、旅馆客房门锁、银行保管箱锁等。其中，很多锁是在图 3-2 所示典型结构的基础上，根据不同需求，做出的多种变型。仔细分析比较各种场合锁的设计，可以对设计要求、产品功能、产品结构的关系有进一步的理解。

3.1.2　机械零件自由度的分析

　　机械的基本功能是实现确定形式的相对运动，因此需要研究零件之间的相对运动关系。如图 3-3a 所示，一个不受约束的机械零件在空间有 6 个自由度，即沿 X、

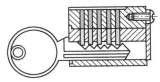

图 3-2　简单动作功能典型
实例（2）——弹子锁

Y、Z 3 个轴的移动和绕这 3 个轴的转动。这 6 个自由度可以用图 3-3b 表示。3 根空心坐标轴表示移动方向,未涂黑表示可以沿该方向移动,一半涂黑表示沿该方向可以向一侧移动,另外一侧则不能移动。坐标轴端部的圆圈表示是否可以绕该坐标轴转动,也用是否涂黑表示。两个零件之间常见的连接形式及其对自由度的约束见表 3-1。

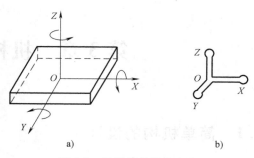

图 3-3 机械零件的自由度
a) 零件的自由度 b) 自由度表示方法

单动作功能具有广泛的用途和宽广的创造空间。简单动作功能通常通过两个零件之间接触面形状的巧妙组合实现,求解简单动作功能时针对所要实现的动作功能(运动规律、运动轨迹),对零件的几何形体进行构思。

表 3-1 两个零件的连接形式和相对运动自由度

序号	连接形式简图	连接情况	零件 1 自由度简图	简单说明
1		一点连接		零件 1 与零件 2 在一点相切,零件 1 有: 2+0.5 个移动自由度 3 个转动自由度
2		线连接		零件 1 与零件 2 沿一条直线接触,零件 1 有: 2+0.5 个移动自由度 2 个转动自由度
3		环形线连接		零件 1 与零件 2 沿一个环形线接触,零件 1 有: 1 个移动自由度 3 个转动自由度
4		球窝连接		零件 1 与零件 2 有一个球形表面连接,零件 1 有: 3 个转动自由度

（续）

序号	连接形式简图	连接情况	零件 1 自由度简图	简单说明
5		三点支承 连接		零件 1 与零件 2 有 3 个点接触， 零件 1 有： 2+0.5 个移动自由度 1 个转动自由度
6		双面连接		零件 1 与零件 2 有 2 个环形线 相接触，零件 1 有： 1 个移动自由度 1 个转动自由度

　　通过对已有的简单动作功能优秀设计实例的分析，可以学到很多巧妙的设计方法。下面介绍几个利用零件自由度分析方法，分析和设计简单动作功能机构的实例。

　　图 3-4a 中，两个轴承支承着轴 A，由于支撑的限制，此轴只有一个绕 X 轴旋转的自由度，沿 X 轴只能向右移动，其自由度如图 3-4b 所示。如果再增加一个轴肩，即可限制向右移动的可能性（见图 3-5）。图 3-5 所示为滑动轴承支撑的轴系结构。图 3-5a 是一端固定一端游动的轴系结构，图 3-5b 是两端单项固定的轴系结构。

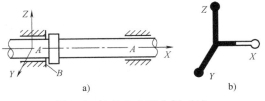

图 3-4　轴的自由度分析（1）

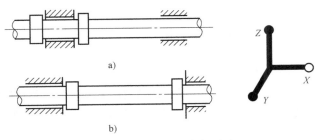

图 3-5　轴的自由度分析（2）

　　图 3-6a 所示为导轨的运动学原理，其中，接触点 1、3、5 所构成的连接相当于表 3-1 的第 5 种连接形式，接触点 2、4 所构成的连接相当于第 4 种连接形式。因此工作台只具有沿 Y 轴方向移动的自由度，沿 Z 轴方向向上移动的自由度可以利用辅助的固定装置或工作台的自重使工作台不会向上运动。图 3-6b 为导轨的结构图，接触点 5 用一个平面代替，增大了承载能力，同时也提出了 1、3 和 5 两个平面必须具有良好的平面度的要求。图 3-6c 为导轨的自由度简图，表明工作台可以沿 Y 方向做双向运动，沿 Z 方向做单向运动（向上）。

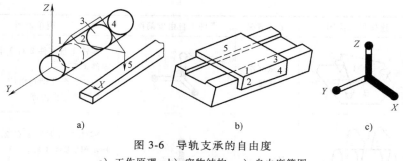

a)　　　　　　　　　　　b)　　　　　　　　　c)

图 3-6　导轨支承的自由度

a）工作原理　b）实物结构　c）自由度简图

1~5—接触点

3.2　机构组合创新设计方法

将基本机构进行组合，是机构设计的重要方法。根据工作要求的不同和各种基本机构的特点，常常必须把几种机构组合起来才能满足工作要求。下面介绍几种常用的机构组合创新设计方法。

3.2.1　机构串联组合方法

机构串联组合是将多个基本机构顺序连接，将前一个机构的输出作为后一个机构的输入的组合方法。

机构串联组合通常为了实现两个目的：

1）改善原有机构的运动特性。

2）使组合机构具有各基本机构的特性。

下面分别举出一些实例做出说明。

1. 改善原有机构的运动特性

槽轮机构用于转位或分度机构，但是它的角速度变化较大，角加速度达到较大的数值。图 3-7a 所示为在普通槽轮机构的主动拨盘前面加装一个双曲柄机构 $ABCD$，若主动

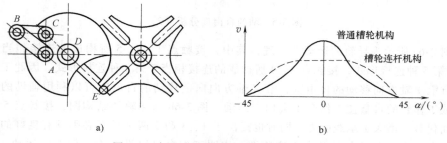

a)　　　　　　　　　　　　　b)

图 3-7　串联机构改善槽轮机构的运动特性

a）双曲柄机构与槽轮机构的串联组合　b）槽轮角速度变化曲线

曲柄 *AB* 等速转动，则设计双曲柄机构 *ABCD*，使其从动件 *CD*（即主动拨盘 *DE*）以变速转动，其结果可以减小槽轮转速的不均匀性。图 3-7b 所示为增加连杆机构以后，对改善槽轮动力学性能的作用。

图 3-8 所示为一个六杆机构。*BCDE* 组成一个四杆机构，*BC* 是主动曲柄，在连杆 *CD* 上固接着一个杆，杆端 *A* 连接着杆 *AF*，铰链 *F* 与滑块相连。曲柄转动一周，连杆上点 *A* 的轨迹如图 3-8 中虚线所示，为 8 字形的曲线，当主动曲柄旋转一周时滑块往复运动两次。

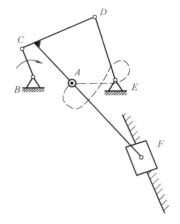

图 3-8　实现从动件两次动程的六杆机构

2. 使组合机构具有各基本机构的特性

图 3-9 是由 V 带传动、齿轮传动、棘轮传动、螺旋传动组合而成的一套串联组合机构。原动机（电动机）单向等速回转，输出件作低速、单向、间歇、直线运动，反映了运动链中每一级传动的功能。

图 3-10 是由椭圆齿轮机构和曲柄滑块机构组合而成的机构。它利用了椭圆齿轮传动把主动齿轮等速转动变成变速转动的功能，按使用要求，设计者可以改变曲柄滑块机构的往复运动速度。

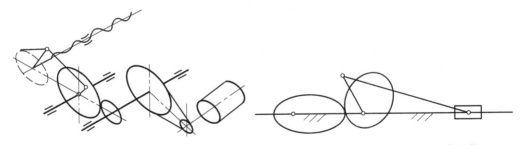

图 3-9　多机构串联组合　　　　　图 3-10　椭圆齿轮曲柄滑块组合机构

3.2.2　机构并联组合方法

机构并联组合中由两个或多个结构相同的基本机构并列布置，按输入和输出机构的不同安排，有如图 3-11 所示的几种结构形式。

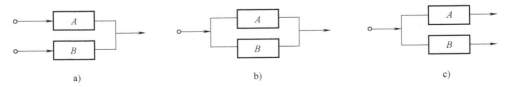

a)　　　　　　　　　　　b)　　　　　　　　　　　c)

图 3-11　并联机构的类型

a) Ⅰ型并联　b) Ⅱ型并联　c) Ⅲ型并联

1. Ⅰ型并联

Ⅰ型并联是指当一个原动机功率不足时，可以采用多套传动系统，如图3-11a所示。例如，中华世纪坛转动部分重3000余吨，装有192个车轮，如果只以其中一个车轮为主动轮，则地面的摩擦力有限，不足以产生足够的驱动力。设计者经过反复试验，选用了16个车轮为主动轮，各有一套传动系统，成功地解决了转动问题（见图3-12、图3-13）。设计此类机构必须注意各机构的协调配合。在此是利用控制电动机输出转矩的方法，使各台电动机负载均衡。

有些飞机采用2个或4个发动机，不但能够满足所需的推动力要求，而且在飞行时如果有一个发动机故障，不能工作，则靠其余发动机维持飞行，可以避免发生严重事故。

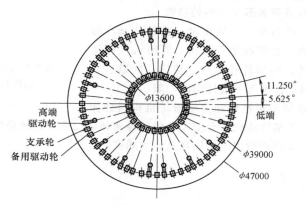

图3-12 中华世纪坛旋转圆坛支撑轮与驱动轮布置图

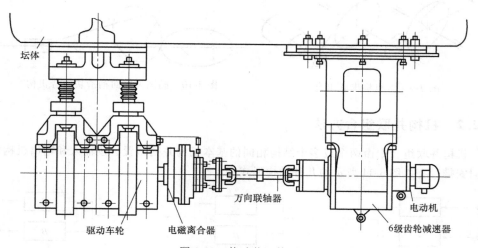

图3-13 传动装置简图

图3-14所示V形发动机中，2个气缸成V形布置，2个活塞通过连杆各推动一个曲柄，该机构可以顺利地通过死点。

　　图 3-15 为一种飞机的襟翼操作机构。此机构由两个直移液压缸各推动一个齿条，使齿轮轴心移动，可以使襟翼的摆动速度加快。若其中一套机构发生故障不能运动，则靠另一套机构仍能完成襟翼的动作要求，只是运动速度为原来的 1/2。设置冗余机构，增加了机器的可靠性。

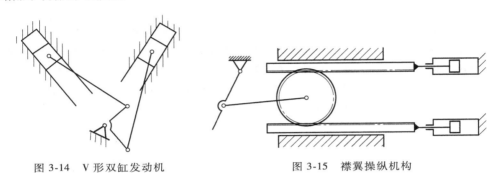

图 3-14　V 形双缸发动机　　　　　　　图 3-15　襟翼操纵机构

2. Ⅱ型并联

　　Ⅱ型并联是指将主动件或原动机的运动分为两个（或更多）运动，再将这两个运动合成为一个运动，如图 3-11b 所示。这种形式可以改善输出构件的运动状态和受力情况，使机构受力自动平衡。设计的主要问题是几个并联机构要协调配合。

　　图 3-16 所示的压力机由左右两套机构组合而成。主动件为压力缸 1，通过连杆 2 和 2′同时推动两套完全相同的摇杆滑块机构 3、4、5 和 3′、4′、5。当 3、4（3′、4′）杆接近死点位置时（3、4 接近成一直线时），执行构件 5 以最大压力对工件进行加工。此机构的优点是可以由较小的气缸推力产生很大的工作压力，同时使横向力自动平衡。应该注意的是，两套机构必须严格同步运动。

　　图 3-17 所示的螺旋杠杆机构压力机，采用了左右螺旋机构，两个螺旋螺距相同而旋向相反，在转动螺旋时，压头可以向上或向下运动。这一机构螺母对螺旋的轴向力可以互相平衡，但是压头下压产生的压力会对螺旋产生弯曲应力，另外速度较慢。

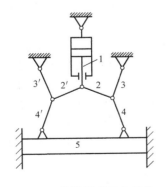

图 3-16　分散并联组合机构

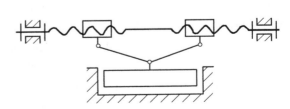

图 3-17　压力机的螺旋杠杆机构

3. Ⅲ型并联

Ⅲ型并联式组合机构是将一个主动运动分解为两个或多个输出的运动，如图3-18所示。例如，纺织工业使用的细纱机，一个电动机通过传动装置可以带动400~500个纱锭，每一个纱锭以15000r/min左右的转速转动，完成纺织细纱的动作要求。

加工光学透镜的抛光机一般是1个电动机通过4套连杆机构同时加工4个光学透镜，如图3-18a所示。图3-18b所示为双滑块驱动送料机构。做往复摆动的主动件1推动大滑块2和小滑块4。杆1左边端部有一滚子，在大滑块的沟槽中运动，使大滑块左右移动。由于沟槽的作用，使大、小滑块运动规律不同。此机构一般用于工件输送装置。工作时，大滑块在右端位置先接受来自送料机的工件，然后向左移动工件，再由小滑块将工件推出。

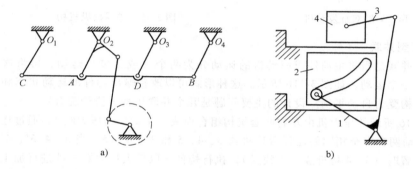

图3-18　Ⅲ型并联举例

a）光学零件抛光机床　b）送料机构

1—主动件　2—大滑块　3—连杆　4—小滑块

在机械中广泛使用并联机构。几套机构之间的同步和配合往往起重要的作用，也是设计者必须注意的问题。图3-19所示为工业生产中广泛使用的桥式起重机，其跨度 L 可达30m以上。因此其两端的车轮必须同步滚动，否则起重机前进时将出现不稳定。

图3-20所示为几种常用桥式起重机大车集中驱动布置图。其中，图a为低速轴集中驱动，传动装置重量大，给起重机增加较大的负担；图b为高速轴集中驱动，重量轻，但是传动轴转速高，安装要求高；图c为中速轴集中驱动，机构复杂，使用少。图3-21所示为两套独立的无机械联系的机构，省去了中间传动轴，自重轻，分组性好，安装和维修方便，当桥架有足够的水平刚度，其轮距 B 与跨度 L 之比 $B/L=1/4 \sim 1/6$ 时，两侧电动机的输出力矩能够互相调节，再加上电气控制技术采取适当措施，可以达到运行平稳。图3-19中采用的就是分别驱动。

有些机器需要几套机构之间的运动互相配合，完成复杂的工艺动作要求。例如，家用脚踏缝纫机的针、梭心、送布牙之间密切配合，可以实现缝纫的功能。

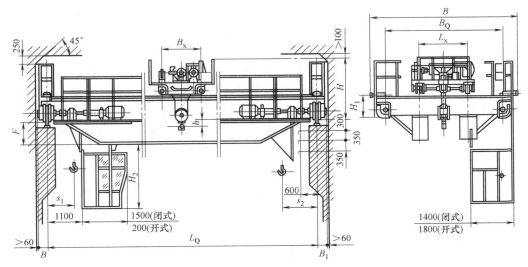

图 3-19　桥式起重机

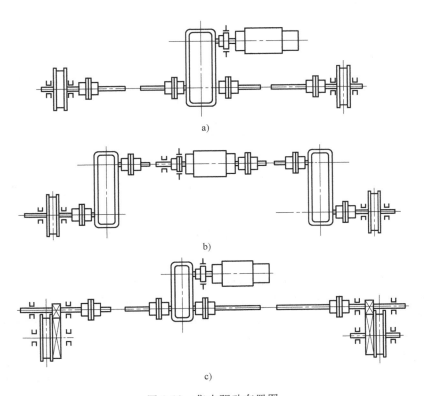

a)

b)

c)

图 3-20　集中驱动布置图

a) 低速轴集中驱动　b) 高速轴集中驱动　c) 中速轴集中驱动

图 3-21a 所示为电影放映机的输片机构。凸轮轴为主动轴，当三角凸轮转动时，从动件沿导路上下移动，由于凸轮的圆弧 *EF* 和 *CD* 都是以 *O* 为中心的圆弧（见图 3-21b），所以当这两段圆弧与框架接触时，从动件将不动（当圆弧 *CD* 与框架上边缘接触时，从动件处于最低位置；当圆弧 *EF* 与框架上边缘接触时，从动件处于最高位置），即三角凸轮每转动 1 周，从动件有两次停歇。另一个圆盘凸轮（图中称为歪盘）是一个局部凸起的薄圆盘，它插入框架的一个沟槽中，设计要求此盘的凸起部分，正好在框架停止运动时，使抓片齿从胶片侧面齿孔中进入或脱出，二者的运动配合如图 3-21a 所示。

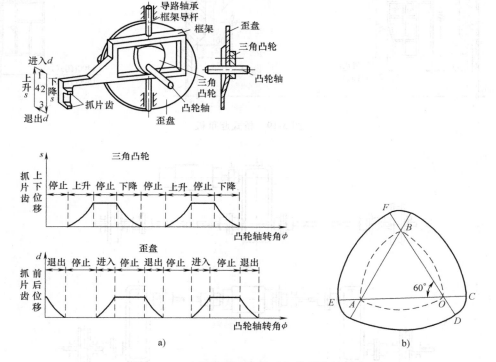

图 3-21　电影机放映机输片机构结构简图
a) 电影机抓片机构及凸轮运动配合　b) 电影机凸轮主要尺寸关系

目前并联机构是机构设计研究的热点问题之一。图 3-22 所示为用于航天飞船对接器的对接机构和对接模拟器的并联机器人。它是一个六自由度的并联机器人，可以完成主动抓取、对正、拉紧柔性连接以及锁住、卡紧等一系列工作。此外，还有吸收能量和减振的作用，可以保证对接任务的顺利进行。

图 3-22 是一种由并联机构组成的并联机器人，可以用于大型雷达或射电望远镜等设备，也可以作为并联机床，具有刚度质量比大、移动速度快、易于实现模块化设计和制造成本低等特点。而纯六自由度并联机床位置解析困难，姿态能力差，控制复杂，目前有向少自由度或串并联混合发展的趋势。

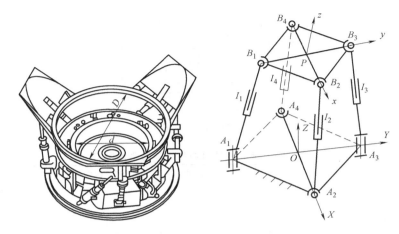

图 3-22　航天飞船对接器并联机器人

3.2.3　机构叠加组合方法

　　将一个机构安装在另一个机构的某个运动构件上，即可组成叠加组合机构。其输出运动是各机构输出运动的合成。这种机构的运动关系有两种情况：一种是各机构的运动是互相独立的，称为运动独立式；另一种称为运动相关式，其各组成机构的运动相互间有一定影响，如摇头电风扇（见图 3-23）。

　　图 3-24a 中轴①相对于套筒只有绕其本身轴线转动的一个自由度。图 3-24b 中①、②之间的-5 表示约束了 5 个自由度，套筒②对于机座 B 由于齿轮齿条的作用，二者之间只有沿套筒②轴线运动的一个自由度，图中也用-5 表示。因此轴①对于基座有两种自由度——沿本身的轴线移动和绕其本身轴线转动，图中用+2 表示。这一组合机构具有各基本机构的特性，轴①的运动是两种运动的合成。

图 3-23　电风扇摇头机构

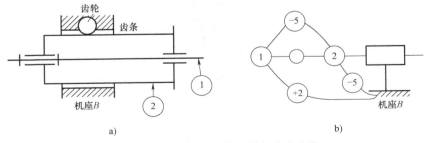

图 3-24　轴的二重机构及其组合自由度

　　图 3-25 所示为一液压挖掘机，由 3 套液压缸机构组成，各套机构组成情况见表 3-2。

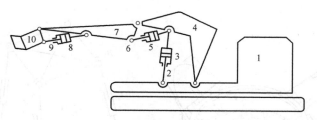

图 3-25 液压挖掘机

表 3-2 液压挖掘机中各机构组合情况

机构	组成构件	主动构件	输出构件	机架
第 1 套机构	1、2、3、4	液压缸 3	4	1
第 2 套机构	4、5、6、7	液压缸 5	7	4
第 3 套机构	7、8、9、10	液压缸 8	10	7

3.2.4 机构反馈组合方法

机构反馈组合是从主机构的运动过程中提取出信息，实时地输入到主机构中去（这一方法称为反馈），使其运动情况产生适当的变化。图 3-26 就是利用机构反馈组合方法提高车床螺旋传动精度的实例。车床由电动机经传动装置带动主轴及安装在其上的工件转动，主轴与刀具之间有变换齿轮，带动丝杠传动，使刀具可以按要求切出某一导程的螺纹。为了提高螺旋传动的精度，在车床床身上安装了校正板，此板通过顶杆、杠杆齿轮使螺母产生附加转动。如果事先测定螺旋传动的误差，按反馈校正的要求制作校正板的曲线，则可以减小车床加工螺纹的螺距误差。

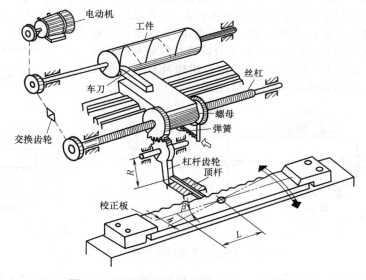

图 3-26 提高车床经度的反馈机构工作原理

　　机构反馈补偿可以提高加工精度，是一种广泛运用的方法。图 3-27 所示为一种圆刻度机械创新设计机构传动系统简图。电动机经过带轮和减速箱带动曲柄做单向连续转动，曲柄通过连杆使扇形齿轮左右摆动，扇形齿轮带动空套在轴 I 上的小齿轮使棘轮罩摆动，使固定在棘轮罩上的棘轮爪摆动，从而使棘轮向一个方向间歇运动。棘轮与轴 I 之间有键连接，因此轴 I 经齿轮传动和蜗杆传动使工件轴向一个方向做间歇传动，完成工件轴上被加工零件的分度运动。分度运动与刻刀运动配合（刻刀机构图 3-27 未显示），可完成独特的刻制，在圆度刻度机构传动系统中，蜗杆传动要求具有很高的精度，而且传动比很大。还可以利用图 3-28 所示反馈补偿机构，进一步提高蜗杆传动的精度。

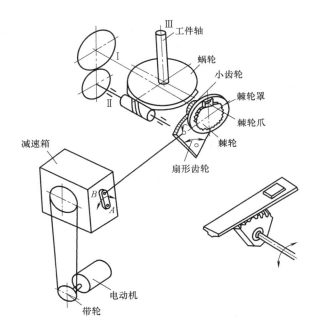

图 3-27　圆刻度机构传动系统简图

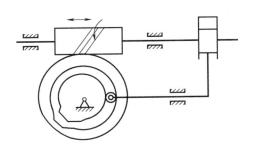

图 3-28　利用反馈补偿机构提高蜗杆传动分度精度

3.3 机构变异设计

变异设计是通过改变现有设计中的某些参数，创造新的设计方案的创新设计方法。在机构设计工作中，创立全新的机构是很重要的，但是根据工作要求，对已有的机构加以适当的改变，或称为变异，达到使用要求，也是一种重要的设计方法，而且由于对这些机构有一定的使用经验，成功的机率更高一些。

机构变异的主要目的如下：

1）改变机构运动的不确定性。

2）开发机构的新功能。

3）研发新机构，改善机构的受力状态，提高机构的强度、刚度或精度。

为了实现上述目的，常采用的演化变异方法有：

1）利用构件的运动性质进行演化变异。

2）改变构件的结构形状和尺寸。

3）在构件上增加辅助机构。

4）改变构件的运动性质。

下面介绍几种常用的机构变异设计的方法和实例。

3.3.1 机架变异

1. 全转动副的四杆机构机架变异

图 3-29 所示为由一种全转动副的四杆机构改变机架得到的 4 种连杆机构。

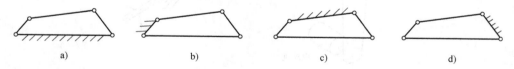

a)　　　　　　　　b)　　　　　　　　c)　　　　　　　　d)

图 3-29　全转动副的四杆机构机架变异

a)、c) 为曲柄摇杆机构　b) 为双曲柄机构　d) 为双摇杆机构

某光学仪器厂为了把棱镜边缘磨制成半圆形，需要设计一套装置，每 20s 正反转 180°。

该厂研制的装置如图 3-30a 所示。电动机输出的转速经带传动和蜗杆传动减速，传递到蜗轮 z_1 的转速为 3r/min。设计一曲柄摇杆机构，其两极限位置如图 3-30b、c 所示，摇杆机构两极限位置之间的转角为 $\beta_1-\beta_2$。设计一齿轮传动，使其齿数为 $\dfrac{z_5}{z_6}=\dfrac{180°}{\beta_1-\beta_2}$。

双曲柄机构的运动特性如图 3-31 所示。连杆延长线上点 E 的运动轨迹近似为一条直线。这种机构可以用于起重、堆料或传递物件的设备。图 3-31 中，电动机带动圆盘转动，圆盘上的销在摇杆的槽中使其摆动。连杆的端点 E 装有推料头。摇杆在范围 α

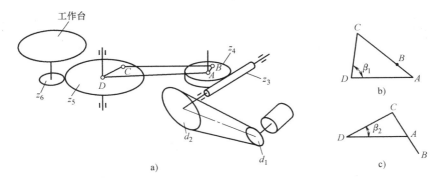

图 3-30　利用曲柄摇杆机构的正反转 180°工作台

内转动时，推料头在 E'—E 范围内做近似直线运动，实现推料工作。

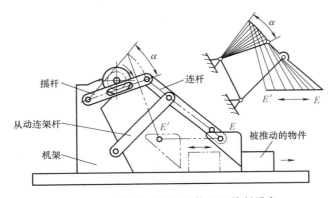

图 3-31　不等长双摇杆机构用于堆料设备

2. 含一个移动副的四连杆机构机架变异

含一个移动副的四连杆机构也是一种使用广泛的结构形式。图 3-32a 所示为曲柄滑块机构，当曲柄为主动件时，可以把回转运动变成直线往复运动，如活塞式水泵、压缩机；当滑块为主动件时，可以把直线往复运动变成回转运动，如内燃机。图 3-32b~d 都是曲柄导杆机构，杆 1 是固定件，杆 2 是主动件，杆 4 为导杆。其中，图 3-32b 中的杆 2 和杆 4 都可以旋转 360°，这种机构用于旋转液压泵；图 3-32c 中的杆 2 是主动件，杆 4 为导杆，只能做摆动，这种机构有急回的运动特性，用于牛头刨床或插床的主体运动机构；图 3-32d 是曲柄摇块机构，一般以杆 1 或杆 4 为主动件，做转动或摆动，导杆 4 相对于滑块 3 做移动并与滑块一起绕 C 点摆动，此时 C 称为摇块。图 3-32e 是移动导杆机构，一般以杆 1 为主动件，用于抽水机和液压泵。

图 3-33 是两种汽车自动卸料的机构。其中，图 3-33a 采用了双摇杆机构，杆 AD 为车架，是静止件；AB 和 CD 是摇杆。当活塞从液压缸向右伸出时，使摇杆摆动，车斗左边抬起，使车斗内物品自动卸下；活塞向左缩回时，摇杆反转，车斗复原。图 3-33b

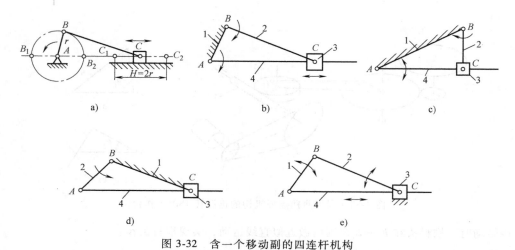

图 3-32　含一个移动副的四连杆机构

a）曲柄滑块机构　b）转动导杆机构　c）摆动导杆机构

d）曲柄摇块机构　e）移动导杆机构

1、2、4—杆　3—滑块

采用了曲柄摇块机构（见图 3-32d），*BC* 为固定件，活塞杆是导杆，液压缸为摇块，可以绕点 *C* 转动。当液压缸推动活塞杆向右上方伸出时，车斗绕点 *B* 转动，使物品自动卸下；活塞向左缩回时，车斗反转，车斗复原。

3. 双滑块机构机架变异

图 3-34 给出了 4 种双滑块机构机架变异的结构。其中，图 3-34a 为双滑块机构，常用于椭圆画图仪器；图 3-34b 为双转块机构，常用于十字滑块联轴器（见图 4-13）；图 3-34c 为正弦机构（见图 3-35a）；图 d 为正切机构（见图 3-35b）。

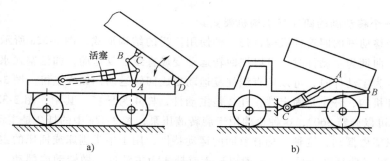

图 3-33　两种汽车自动卸料的机构

a）采用双摇杆机构　b）采用曲柄摇块机构

4. 其他机构机架变异

在机构设计中广泛运用机架变异的方法，如定轴轮系变异成为行星轮系（见图 3-36）。图 3-37 示出了螺旋传动中固定不同零件得到不同的效果。

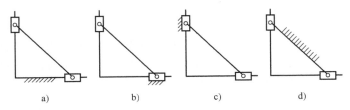

图 3-34　双滑块机构变异

a）双滑块机构　b）双转块机构　c）正弦机构　d）正切机构

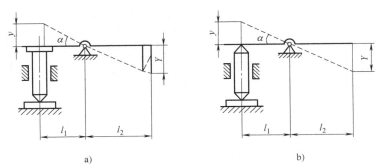

图 3-35　简单对应杠杆式放大机构（用于测量仪器）

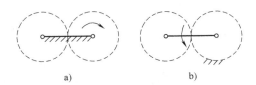

图 3-36　定轴轮系变异成为行星轮系

a）定轴轮　b）行星轮系

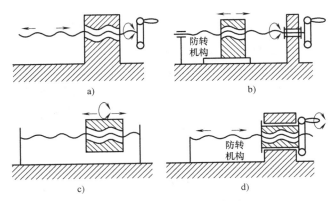

图 3-37　螺旋传动机架变异

a）螺母固定，螺杆转动+移动　b）螺杆转动，螺母移动　c）螺杆固定，螺母转动+移动　d）螺母转动，螺杆移动

3.3.2 运动副尺寸变异

众所周知，曲柄滑块机构可以看作是曲柄摇杆机构的摇杆无限加长而形成的，这种方法不但指出了各种机构之间的关系和联系，而且提示了一种通过改变机构的参数形成另一种新机构的方法。下面介绍一些实例。

1. 扩大转动副尺寸

加大连杆机构销轴的直径和轴孔的直径，而不改变各构件之间的相对运动关系所形成的结构，常用于泵、压缩机、冲床等。图 3-38 是颚式破碎机的偏心轴机构。带轮带动偏心轴转动，动颚安装在偏心轴上，动颚下面有杆，以铰链与动颚和机座相连。在偏心轴转动时动颚做复杂的平面运动。在动颚和固定颚上均装有颚板。颚板的硬度很高而且有齿，两个颚板之间间隙的变化，使中间的物料破碎，被破碎的物料在重力作用下落下。

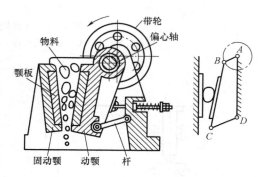

图 3-38　颚式破碎机的偏心轴机构

2. 扩大移动副尺寸

图 3-39~图 3-41 是 3 个扩大移动副尺寸的实例。

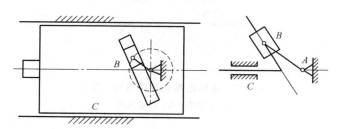

图 3-39　冲压机构移动副扩大——正弦机构

图 3-39 是一个由正弦机构构成的冲压机构。将移动副 C 的尺寸扩大，将转动副 A 和移动副 B 包括在其中。由于滑块的质量很大，可以产生很大的冲压力。

图 3-40 是一个由曲柄滑块机构构成的冲压机构。将移动副 C 的尺寸扩大，将转动副曲柄 AB 和转动副 A、B、C 都包括在其中。

图 3-41 是一个往复凸轮分度机构。将移动副 B 的尺寸扩大，将转动副 A 和三角形凸轮及其与滑块接触的高副 C 均包括在其中。图 3-41a

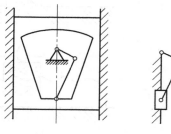

图 3-40　冲压机构移动副
扩大——曲柄滑块机构

为锁紧位置，该机构工作时，滑块左右移动，推动三角形凸轮间歇转动，每次转过60°。图 b 所示为滑块左移，推动凸轮顺时针转动。加大滑块尺寸，可改善机构的受力状态和动力效果。

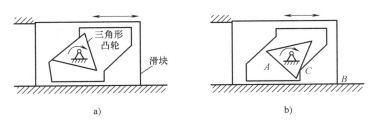

图 3-41　往复凸轮分度机构

3.3.3　构件的变异

随着运动副尺寸与形状的变异，构件形状也发生了相应的变化，以实现新的功能。但在运动副不变的条件下，仅构件进行变异也可以产生新机构或获得新功能。

1. 构件形状的变异

图 3-42 是圆盘式联轴器的演化和变异过程，它是由平行连杆机构 *ABCD*（见图 3-42a）增加了约束后（见图 3-42b）改变连架杆 *AD* 和 *BC* 的形状，即为两个圆盘（见图 3-42c），并进一步改变机架 *CD* 的尺寸而形成，还可继续增加虚约束，以增加运动与动力传递的稳定性和联轴器的连接刚度。将圆盘式联轴器进一步变异，把连杆与两个转动副 *A*、*B* 用高副替代，即构成孔与销的结构，就形成了销式联轴器（见图 3-42d）。这种联轴器结构紧凑，常用于摆线针轮减速器的输出装置。

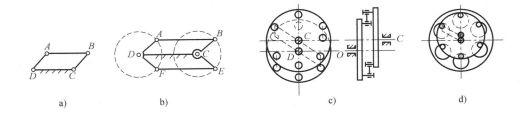

图 3-42　联轴器变异（1）

图 3-43a 所示的转动导杆机构，减小偏距 *e*，将连杆 1 和 3 变异为两个圆盘，滑块 2 用滚动副替代，则构造了一种联轴器，用来传递轴线不重合的两轴之间的运动与动力，如图 3-43b 所示。

在摆动导杆中，若将导杆 2 的导槽某一部分做成圆弧状，并且槽中心线的圆弧半径等于曲柄 *OA* 的长度。这样，当曲柄的端部销 *A* 转入圆弧导槽时，导杆则停歇，实现了单侧停歇的功能，并且结构简单，如图 3-44 所示。

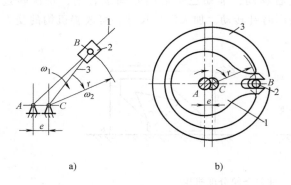

a)

b)

图 3-43 联轴器变异（2）

1、3—连杆 2—滑块

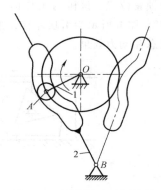

图 3-44 间歇摆动导杆机构

1—曲柄 2—导杆

受导杆弧形槽的启发，可将滑块设计成带有导向槽的结构形状，直接驱动曲柄做旋转运动，构造出无死点的曲柄机构，可以用于活塞式发动机，如图 3-45 所示。

构件形状变异的内容是很丰富的，例如齿轮有圆柱形、截锥形、椭圆形、非圆形、扇形等；凸轮有盘形、圆柱形、圆锥形、曲面体等。经过这样的变异过程，新机构就可以实现新的功能，或改变运动传递的规律。总结构件形状的变异规律，一般是由直线向圆形、平面曲线以及空间曲

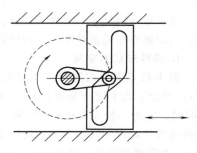

图 3-45 无死点曲柄机构

线变异，以获得新的功能。另外，为了避免机构运动的干涉，也经常需要改变构件的形状。

2. 构件的合并与拆分

构件的变异与演化还可以通过对机构中的某个构件进行合并与拆分实现新的功能或各种工作要求。

共轭凸轮可以看成是由主凸轮与副凸轮合并而成，如图 3-46 所示，其中图 3-46a 和 c 是分开结构，由于受到需要同步驱动装置的限制，以及体积大的影响，一般实际应用很少；图 3-46b 和 d 是合并结构，实际应用较多。

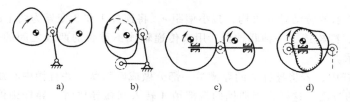

a)   b)   c)   d)

图 3-46 共轭凸轮

图 3-47 所示的平行分度凸轮也是一种空间
的共轭凸轮，两个凸轮、两个从动件系统合
并，实现特殊要求的运动规律。

图 3-48 所示也是一种有特殊运动规律要求
的凸轮机构，从动件往复运动时接触不同的凸
轮廓曲线，并且不同的廓线被合并在一个凸轮
上，凸轮向上运动时，从动件滚子与凸轮左侧
廓线接触；凸轮向下时，滚子与凸轮右侧廓线
接触。因此实现了从动件以不同运动规律往复

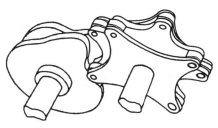

图 3-47　平行分度凸轮

运动。但是要注意，随着从动件的往复运动，外载荷方向也应交替变换，载荷方向始终
与运动方向相反。

构件的拆分是指当某些构件进行无停歇的往复运
动时，可以只利用其单程的运动性质，变无停歇的往
复运动为单程的间歇运动。例如内外槽轮机构就可以
看作是由摆动导杆机构拆分而获得的。如图 3-49 所
示，分析摆动导杆机构的运动可以发现，当曲柄的 B
铰链处于 B' 位置时，摆杆的摆动方向与曲柄相同。
当曲柄 B 铰链处于 B'' 位置时，摆杆的摆动方向与曲
柄相反。摆动方向改变的位置是曲柄垂直于导杆时的
位置。若以该垂直位置为分界线，把导杆的槽拆分成
两部分，一部分如图 3-49c 所示，为外槽轮机构；另
一部分如图 3-49d 所示，为内槽轮机构。

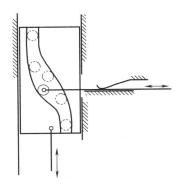

图 3-48　变廓凸轮

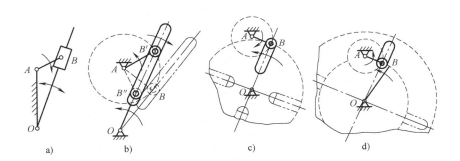

图 3-49　构件拆分变异

3.3.4　机构的扩展

机构的扩展是指在原始机构的基础上，增加构件与之相适应的运动副，用以改变机
构的工作性能或开发新功能。

1. 引入虚约束

图 3-50a 所示的转动导杆机构可以传递非匀速转动，若将导杆的摆动中心 C 置于曲柄的活动铰链 B 的轨迹圆上，则导杆 CB 做等速转动，其角速度为曲柄 AB 角速度的一半，见图 3-50b。但这种机构运动到极限位置时将会出现运动不确定的情况，为了消除运动不确定性，采取机构扩展的方法，加入第二个滑块，并将导杆设计成十字槽形的圆盘，见图 3-50c，双臂曲柄两端滑块在十字槽中运动，圆盘和转臂绕各自的固定轴转动，由于是低副运动，可以实现较大载荷的传动，并且噪声低。串联两种这样的机构就可以获得 1 : 4 的无声传动。但在引入虚约束时必须注意符合虚约束尺寸条件。

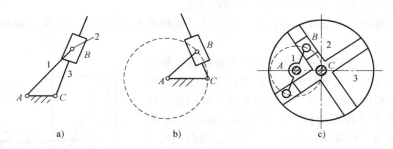

图 3-50   无声传动机构

2. 变换运动副

变换运动副的形状以适应机构扩展而引入虚约束。图 3-51 所示的三种凸轮机构具有明显的增程效果，机构的压力角没有增大，机构的尺寸也没有增大，而是利用凸轮的对称结构形状，增加从动件的同时改变凸轮固定转动副的性质所获得的。其中图 3-51a 是在凸轮轴上采用导向键连接，变转动副为圆柱副，增加了自由度，消除了因增加的从动滚子而带来的过约束；图 3-51b 和图 3-51c 可以看成是导向键的变异结构。

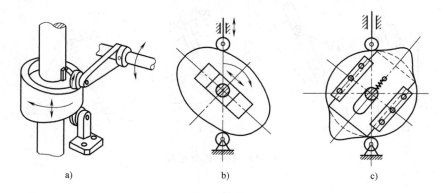

图 3-51   增程凸轮机构

3. 增加辅助机构

图 3-52 为可变廓线的凸轮机构，凸轮上装有 4 个具有弧槽的廓线片，每一片都可

以根据设计需要旋转，然后通过弧槽内的螺钉固定，可以实现不同的运动规律。

同样，棘轮机构可以通过增加棘轮罩改变输出的摆角；在连杆机构中也常常增加辅助机构来调节杆长，以实现不同的运动规律。

4. 机构的倒置

机构的倒置包括机架的变换与主动构件的变换。按照相对运动原理，倒置后的机构各构件相对运动关系并不改变，但可以改变输出构件的运动规律，以满足不同的功能要

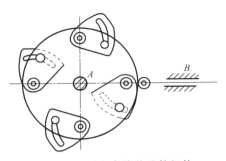

图 3-52　可变廓线的凸轮机构

求；还可以简化机构运动与动力分析的方法，使机构设计与分析变得简单。

（1）平面连杆机构　在机械原理课程中介绍过由铰链四杆机构的机架变换可以生成曲柄摇杆机构，双曲柄机构与双摇杆机构，如图 3-53a 所示；由含有一个移动副的四杆机构的机架变换可以生成曲柄滑块机构、转（摆）动导杆机构、曲柄摇块机构、定块机构，如图 3-53b 所示；由含有两个移动副的四杆机构的机架变换可以生成双滑块机构、双转块机构、正弦机构、正切机构，如图 3-53c 所示。

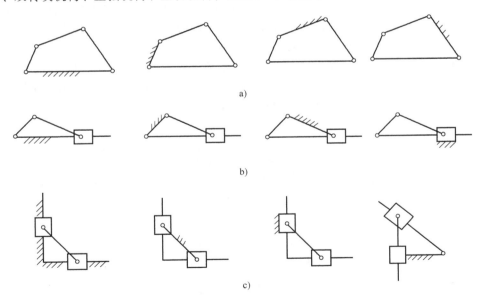

图 3-53　平面四杆机构的机架变换

在图 3-54a 所示的六杆机构中，若以 6 杆为主动构件，则机构为Ⅲ级机构，如图 3-54b 所示；若以 1 杆为主动构件，则机构为Ⅱ级机构，如图 3-54c 所示。为简化运动与动力分析过程，常采用变换主动构件方法，将Ⅲ级机构转换为Ⅱ级机构进行分析，求出相对运动关系及其参数值，再确定所求的绝对运动或动力参数值。

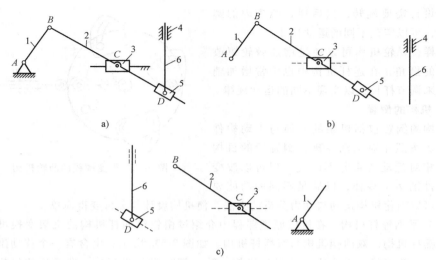

图 3-54　变换主动件

1、2、6—杆　3、5—滑块　4—固定套筒

（2）凸轮机构　凸轮机构为三构件高副机构，三个构件分别是凸轮、推杆（或摆杆）、连接凸轮与推杆的二副杆（或机架）。以摆动从动件盘形凸轮机构为例。一般常用的工作形式如图 3-55a 所示，凸轮 1 为主动件，摆杆 2 从动件；如果对主动件进行变换，摆杆 2 为主动件，则生成了如图 3-55b 所示的反凸轮机构；如果对机架进行变换，构件 2 为机架，构件 3 为主动件，则生成了如图 3-55c 所示的浮动凸轮机构；或凸轮固定，构件 3 主动，则生成了固定凸轮机构。

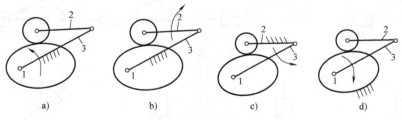

图 3-55　凸轮机构的倒置

1—凸轮　2—摆杆　3—构件

图 3-56 是反凸轮机构的应用，推杆 1 主动，做往复移动；凸轮 2 从动，做间歇转动。当杆 1 从图示位置向左移动时，右侧滚子使凸轮做逆时针转动。当杆 1 移动到左极限位置时，凸轮左侧齿尖越过左侧滚子。而推杆 1 再向右移动时，左侧滚子就进入齿间继续推动凸轮逆时针转动。

图 3-57 是固定凸轮机构的应用。圆柱凸轮 1 固定，在其沟槽内安置从动件 2 上的小滚子 C，构件 2 与主动件 3 组成移动副。当构件 3 绕固定轴 A 转动时，构件 2 在随构件 3 转动的同时，还按特定的运动规律沿移动副 B 移动。

（3）其他传动机构

齿轮传动机构机架变换后就形成了行星齿轮机构，如图 3-58a 所示；齿形带或链传动等挠性传动机构机架变换后生成各类行星传动机构，如图 3-58b 所示。

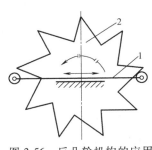

图 3-56 反凸轮机构的应用

1—推杆 2—凸轮

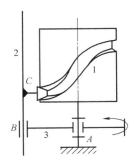

图 3-57 固定凸轮机构的应用

1—圆柱凸轮 2—从动件 3—主动件

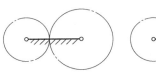 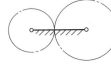 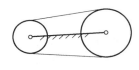 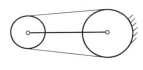

a) b)

图 3-58 齿轮与挠性件传动机构的机架变换

图 3-59 所示的是一个用于清洗汽车玻璃窗的挠性件行星传动机构。其中挠性件 1 连接固定带轮 4 和行星带轮 3，转臂 2 的运动由连杆 5 传入。当转臂 2 摆动时，与行星轮 3 固接的杆 a 及其上的刷子做复杂平面运动，实现清洗工作要求。

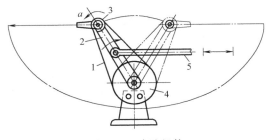

图 3-59 清洗机构

1—挠性件 2—转臂 3—行星带轮

4—固定带轮 5—连杆

3.3.5 机构的等效代换

机构的等效代换是指两个机构在输入运动相同时，其输出运动也完全相同，这样的两个机构可以互相代换，以满足不同的工作要求。

1. 利用运动副的替代原理进行等效代换

前文已经介绍了平面高副与低副互相替代的原理，利用这个原理完全可以进行机构的等效代换。例如对于各种偏心盘的凸轮机构可被相应的连杆机构代换，或反之，如图 3-60 所示，其中图 3-60a 是尖底推杆偏心盘形凸轮机构与曲柄滑块机构的等效代换；图 3-60b 是滚子摆杆偏心凸轮机构与曲柄摇杆机构的等效代换；图 3-60c 是平底摆杆偏心盘形凸轮机构与摆动导杆机构的等效代换。

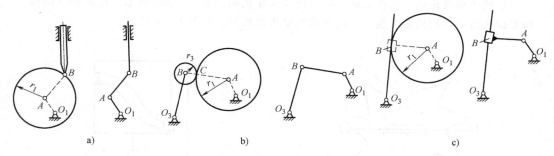

a)   b)   c)

图 3-60   偏心凸轮机构与连杆机构的等效代换

从以上等效代换实例可以看出，当高副接触点的瞬时速度中心位于一定点时，就可以实现完全的代换，而不是瞬时的代换。也可以看出若用高副机构等效代换低副机构必须构造代换构件的瞬心线。

2. 利用瞬心线构造等效机构

图 3-61 为一铰链四杆机构 $ABCD$，连杆 2 与机架 4 的绝对瞬心为 P_{24}。根据三心定理很容易确定 P_{24} 位于 AB 和 DC 的延长线交点上，把机构运动的各个位置的 P_{24} 点连成曲线，即为连杆 2 的定瞬心线，如图 3-61a 所示。

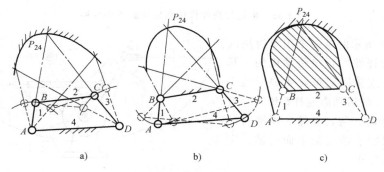

a)   b)   c)

图 3-61   铰链四杆机构的等效代换
1—曲柄   2、3—连杆   4—机架

这种等效代换的实用价值在于能克服连杆机构的极限位置所存在的运动不确定问题。例如反平行四边形机构，当从动曲柄与连杆两次处于共线位置时，从动曲柄将出现运动不确定情况，也就影响了这种机构的工作性能。为解决这一问题，可以利用瞬心线构造一个等效机构取代。因为要实现杆 1 相对于杆 3 的运动等效代换，则构造瞬心线时应分别以杆 1 或杆 3 为机架，然后去掉连杆 2。如图 3-62 所示，构造出反平行四边形的等效机构为椭圆高副机构，该高副机构可以设计成椭圆齿轮机构。

正置曲柄滑块机构是对心式曲柄滑块机构一种特例，即曲柄长 OA 等于连杆长 AB。

该机构的特点是，当曲柄回转一周时，滑块的行程是曲柄长的 4 倍。可以在结构尺寸较小的情况下实现较大的位移，但当曲柄运动到与机架垂直位置时，滑块的运动将不确定。为解决这一问题同样采用上述方法构造一个等效机构进行代换。因为要实现的是连杆 2 上 B 点的位置要求，所以在构造瞬心线时应分别以杆 2 或杆 4 为机架。他们分别是两个圆，其中定瞬心线圆的半径是动瞬心线圆的半径的 2 倍，如图 3-63 所示。若将两个瞬心线的圆当作两个节圆，圆 O 为固定的内齿轮，圆 A 为行星轮，保留连杆 1 作为行星架，并且要求两轮的齿数比为 $z_4/z_2 = 2$。这样当行星架 1 转

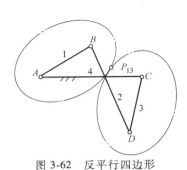

图 3-62　反平行四边形
机构的等效代换

1—曲柄　2、3—连杆　4—机架

动时，行星轮节圆上任何一点（例如 B 点）的轨迹均为通过点 O 的直线，并且当杆 1 转过一周时，B 点的行程是杆 1 长度的 4 倍，如图 3-64 所示。

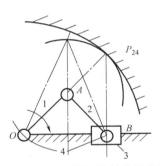

图 3-63　正置曲柄滑块机构的等效代换（1）

1—曲柄　2—连杆　3—滑块　4—机架

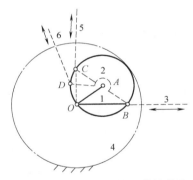

图 3-64　正置曲柄滑块机构的等效代换（2）

1、2、4—构件　3、5、6—B、C、D 的轨迹线

3. 周转轮系的等效代换

图 3-64 所示的行星齿轮机构的结构尺寸大，并且内齿轮加工成本高，给使用者带来诸多不便。为解决这一问题可以利用不同结构，但具有相同输入、输出的周转轮系进行等效代换。图 3-64 所示的周转轮系部分的转换机构的传动比是 $i_{24}^1 = \dfrac{n_2 - n_1}{n_4 - n_1} = \dfrac{z_4}{z_2} = 2$。若将原来的内啮合变为外啮合，并保持传动比不变，即 $z_4/z_2 = 2$，同时增加一个介轮保持原来的方向不改变，就构造了一个与图 3-64 完全等效的机构，如图 3-65a 所示。若在行

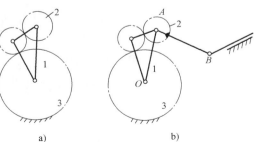

a)　　　　　　　　b)

图 3-65　周转轮系的等效代换（1）

1—行星架　2—行星轮　3—机架

星轮上固连一杆，并使 $AB = OA$，如图 3-65b 所示，当行星架 1 转动时，B 点输出移动的行程是杆 1 长的 4 倍。

将机构进一步简化，用同步带或链传动代换外啮合的齿轮传动，可以去掉介轮，构造一个带有挠性件的周转轮系。若也在行星轮 2 上固接一个杆，使 $AB = OA$，如图 3-66 所示，当行星架 1 转动时，B 点输出移动的行程是杆 1 长的 4 倍。该机构常用于有大行程要求的场合。

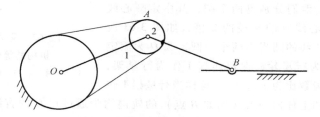

图 3-66　周转轮系的等效代换（2）

1—行星架　2—行星轮

4. 机构功能的等效代换

利用各种非刚性材料的特性进行机构运动功能的等效代换，这是一种简化机构结构的有效途径。例如图 3-67 所示的钢带滚轮机构，钢带的一端固定在滚轮上，另一端固定在移动滑块上，当滚轮逆时针转动时，中间钢带将缠绕在滚轮上而拖动滑块向右移动。当滚轮顺时针转动时，两侧钢带将缠绕在滚轮上而拖动滑块向左移动。它等效于齿轮齿条机构，适用于要求消除传动间歇的轻载工作场合。

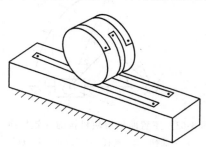

图 3-67　钢带滚轮机构

图 3-68 是利用纤维材料扭曲与放松而导致其缩短伸长的特性，采用该材料制成可移动连杆，用以实现从动件的摆动。

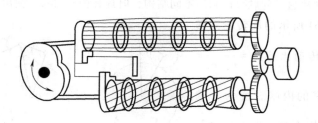

图 3-68　纤维连杆机构

图 3-69 是利用弹性元件变形实现间歇运动。图中构件 2 的两端与输出转动轴构成转动副，构件 2 的转臂间装有扭簧 4，扭簧的一端固定在构件 2 上，并与转轴 3 之间有

配合。当构件 2 逆时针转动时，扭簧被放松，转轴 3 不受影响而保持静止状态；当构件
2 顺时针转动时，扭簧被拧紧而紧固在转轴 3 上
使转轴 3 转动。该机构可以看作是棘轮机构的等
效机构，但结构简单，并且没有噪声。

　　图 3-70 是两种往复摆动机构的等效代换。其
中图 3-70a 是曲柄摇块与齿轮齿条的组合机构，
其工作原理是，曲柄 8 输入转动，齿条导杆 9 做
平面运动，致使摇块摆动；而导杆 9 上的齿条又
使齿轮 11 实现往复摆动的输出。该机构可以实
现较大的摆动角。但齿条导杆 9 与滑套 10 之间存
在的摩擦力影响了传动效率；并且齿轮与齿条间
的侧隙也影响了齿轮往复摆动的精度。

　　而图 3-70b 作为图 3-70a 的等效机构则克服
了上述缺点，它被称为无背隙的往复摆动机构。
该机构由框架 1、齿形带 2、无轴的圆柱形浮轮 3

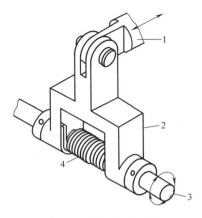

图 3-69　弹性间歇机构
1、2—构件　3—转轴　4—扭簧

（无齿）、齿形带轮 4、调整螺钉 5、输出轴 6、主动曲柄 7 输入连续转动，使框架 1 做平
面运动，致使齿形带运动，从而带动与其啮合的齿形带轮实现绕固定轴的摆动；螺钉 5
用来调节带 2 的张紧程度。该机构的特点是，传动无间隙，并且齿形带的弹性可以吸收
换向时的柔性冲击。

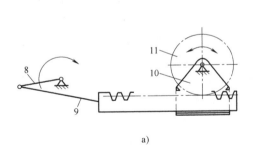
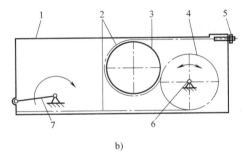

a)　　　　　　　　　　　　　　　　b)

图 3-70　摆动机构的等效代换
a）曲柄摇块齿轮齿条机构　b）无背隙往复摆动机构
1—框架　2—齿形带　3—圆柱形浮轮　4—齿形带轮　5—调整螺钉
6—输出轴　7—主动曲柄　8—曲柄　9—导杆　10—滑套　11—齿轮

3.3.6　机构的移植

　　机构的移植是指传动原理的移植，主要有啮合原理的移植、差动原理的移植、谐波
传动原理的移植等。

　　齿轮机构的啮合传动具有传动可靠、平稳、效率高的特点，但不便于远距离传动。
带传动可以实现远距离传动，但摩擦传动不可靠，效率低。如果移植了齿轮传动的啮合

原理，把刚性带轮与挠性带设计成相互啮合的齿状，就产生了齿形带，即同步带传动。

1. 差动原理的移植

差动原理经常用于齿轮传动，被称作差动轮系，用于运动的合成与分解。例如汽车后轮的差速机构，其工作原理是将发动机输出的运动分解给两个车轮，使两个车轮的运动能适应各种转弯与直行功能。

差动原理还可以用于螺旋机构、凸轮机构、含挠性件的传动机构、间歇运动机构等，其差动原理与差动齿轮机构相同。

图 3-71 所示是差动螺旋机构常用的三种形式。图 3-71a 是同轴单螺旋传动，机构由螺杆、螺母、机架组成。螺杆与机架组成转动副，螺杆与螺母组成螺旋副。工作时，同时输入螺杆与螺母的转动，结果实现螺母的差动移动。即螺杆转动一周，螺母转动 Δn 周，则螺母移动的距离为 $S \pm \Delta S$（S 为螺旋的导程，负号表示螺杆和螺母转动方向相同，正号则表示相反）。该机构结构简单，可以实现微动和快速移动，常用于高精度机床的螺距误差校正机构，以及组合机床端面的机械动力头。

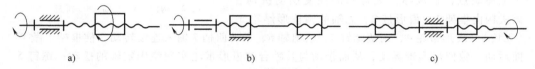

a)   b)   c)

图 3-71　常用差动螺旋机构

图 3-71b 是同轴双螺旋传动，也是由螺杆、螺母、机架三构件组成，其中螺杆与机架一端组成转动副，另一端组成螺旋副；螺母与机架组成移动副；螺杆与螺母组成螺旋副。当螺杆转动一周时，螺母移动距离为：$S_1 \pm S_2$（S_1 与 S_2 分别为两个螺旋的导程，正号表示两螺旋向相反，负号则表示相同）。该机构常用于仪器中的微调机构。

图 3-71c 所示也是同轴双螺旋传动，两个螺母都与机架组成移动副，但两个螺母旋向相反，工作时，螺杆转动，两螺母实现快速分离或合拢。该机构常用于机车车厢之间的连接，可以使车钩较快地连接或脱开，也常用作台钳夹紧机构。

图 3-72 为差动螺旋机构的应用实例，其中图 3-72a 是镗床中镗刀的微调机构。图 3-72b 为车辆连接器；图 3-72c 为台钳夹紧机构。

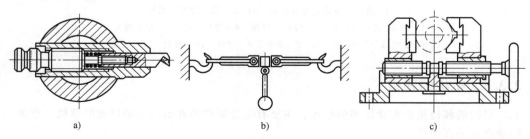

a)   b)   c)

图 3-72　差动螺旋机构的应用

a）镗刀的微调机构　b）车辆连接器　c）台钳夹紧机构

图 3-73 所示是一种凸轮差动机构，该机构由三个不同轴转动的构件组成，它们分别是外凸轮 1、推杆 2 和凸轮 3。内外凸轮的凸凹轮缘上均布数量不等的齿槽，一般为奇数；推杆沿内外凸轮之间的圆周布置，一般布置偶数个带有滚子的推杆，推杆的个数为两凸轮的齿槽数量之和的约数。例如，内凸轮 3 有 13 个齿槽，外凸轮有 11 个齿槽，则推杆个数为：（13+

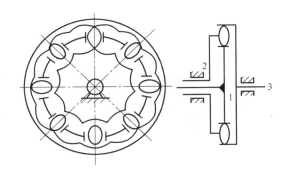

图 3-73　凸轮差动机构
1—外凸轮　2—推杆　3—凸轮

11）/3 = 8。机构工作时，沿圆周连在一起的推杆和两个凸轮之一输入转动，另一个凸轮则输出转动。

图 3-74 是挠性件差动机构。圆柱形滚轮 2 绕固定轴 A 转动，盘 1 绕固定 B 轴转动，盘 1 上装有 6 个尺寸相同的滚轮 3，另外盘上还安装了两个导向轮 5，滚轮 2、3、5 的轮缘上安装有挠性构件 4，滚轮 2 和盘 1 输入运动，滚轮 3 输出 2、1 两个运动的合成。

2. 谐波传动的移植

谐波传动靠中间挠性构件（柔轮）的弹性变形来实现运动与动力的传递。这种传动原理常用于齿轮传动，也可以移植到螺旋与摩擦传动中。

图 3-75 是一种谐波齿轮传动，基本构件有柔轮 1、刚轮 2 和波发生器 H。其中波发生器为主动件，柔轮为从动件，刚轮固定。柔轮形状为圆环形，齿数 z_1，刚轮齿数 z_2，比 z_1

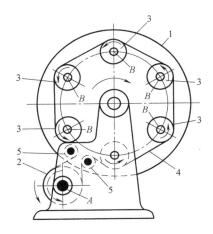

图 3-74　挠性件差动机构
1—盘　2、3、5—滚轮　4—挠性构件

略大，波发生器的形状根据工作要求确定，有双波的和三波的，有凸轮式和滚轮式机构。由于波发生器的引入，迫使柔轮产生弹性变形，使其长轴两端的齿完全与刚轮啮合，短轴两端的齿完全脱离，位于长短轴之间的齿处于啮入或啮出的过度状态。当波发生器转动时，随着柔轮变形部位的变更，使得柔轮与刚轮之间在啮入、啮合、啮出、脱离四种状况中不断变化，从而使柔轮相对于刚轮按波发生器相反方向运动。该机构输出的传动比为 $i_{H1} = -z_1/(z_2 - z_1)$，传动比范围为 50~500。

图 3-76 是三波谐波齿轮传动，并且柔轮为内齿轮，刚轮为外齿轮，波发生器设在外圆周上。

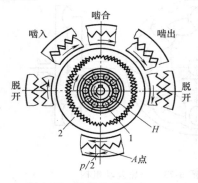

图 3-75　谐波齿轮传动（1）

1—柔轮　2—刚轮

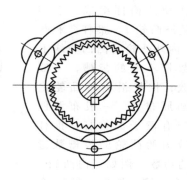

图 3-76　谐波齿轮传动（2）

将谐波传动原理用于螺旋传动，则为谐波螺旋传动。它可以实现变转动为缓慢的移动，或相反；也可实现转动的减速。图 3-77 是将转动变为缓慢移动的谐波螺旋传动，其中 H 为波发生器，其截面形状为椭圆形；1 为薄壁螺杆（柔性螺杆），原始形状为环状圆柱形。2 为刚性螺母，为固定件。1 与 2 的螺纹形状、螺距及旋向均相同。当波发生器转动时，由于柔性螺杆的变形，使其与刚性螺母之间产生螺纹周长之差，致使柔性螺杆 1 沿螺纹平均半径产生无滑动的滚动，并将转过不大的角度。波发生器的转角和柔轮 1 的转角之比为机构的传动比，其值取决于波发生器的椭圆轴的尺寸差和螺纹的平均半径。若螺杆只做移动，不转动，则其轴向位移量约为 0.0025～0.1mm。

图 3-78 是一种用于运动转换的谐波螺旋传动

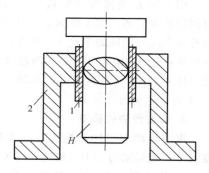

图 3-77　谐波螺旋传动（1）

1—薄壁螺杆　2—刚性螺母

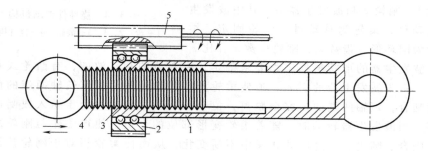

图 3-78　谐波螺旋传动（2）

1—套管　2—滚珠发生器　3—柔性螺母　4—刚性螺杆　5—齿轮

机构。2 为双排配置的滚珠发生器，其外表面为与齿轮 5 啮合的齿轮轮缘。3 为柔性螺母并与套管 1 固接为一体；4 为刚性螺杆；1 与 4 的端部有铰链副元素。当齿轮 5 输入转动时，可使螺杆和套管获得转动或摆动。

3.4　机构再生运动链方法

3.4.1　概述

机构再生运动链方法由颜鸿森教授提出，是一种帮助设计者提出适用的新机构方案的方法。此方法的主要步骤有：

1）从一个性能良好的原始机构出发，将其还原为同源的一般化运动。

2）根据推理，得到与之同源的所有再生运动链。

3）通过筛选，施加约束，得到所有可行运动链。

4）再通过评价、选择，得到最适宜的机构。

图 3-79 简单说明了这一方法的主要步骤。

3.4.2　确定原始机构找出一般化运动链

1. 确定原始机构

设计师首先要确定一个原始机构，这一机构能够满足提出的功能要求。原始机构可以出自自己的设计、产品、样本、设计手册等，也可以是设计者按照使用要求，自行创新设计得到的。

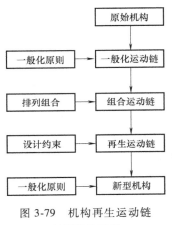

图 3-79　机构再生运动链
创新设计流程

2. 形成一般化机构

机构一般化的工作要求是把包含有不同类型杆件与移动副的原始机构，转化成只含刚性连杆和转动副的一般化运动链。

机构一般化根据下述的一般化原则：

1）将非刚性构件转化为刚性构件。

2）将非连杆转化为连杆。

3）将高副转化为低副。

4）将非转动副转化为转动副。

5）将机构转化为运动链。

6）转化中保持自由度不变。

7）一般机构中的常用构件（如弹簧、滚动副、移动副、液压缸等）的一般化按表 3-3 的规定。

3. 形成一般化运动链

一般化运动链是将一个一般化机构释放机架和消除复合铰链而形成的。表 3-3 是机构一般化图例。

表 3-3　机构一般化图例

名称	图例	一般化	说　明
弹簧			两构件之间的弹簧连接,用Ⅱ级杆组(A型)代替,在中间铰链标志 S
滚动副			两构件之间纯滚动接触,形成滚动副,用转动副 R 代替
高副			构件1,2组成高副,O_1 或 O_2 表示接触点曲率中心,以一杆(HS)、两转动副(O_1 和 O_2)代替
移动副			移动副用转动副代替并标 P
液压缸			两构件之间构成变长度杆,用Ⅱ级杆组代替,并在中间铰接点标 H
力			构件1、2之间作用力 F,该力的作用效果等价于弹簧力,可用Ⅱ级杆组代替,主动力标 F_p,阻力标 F_f

图 3-80 是凸轮机构及其一般化运动链,图 3-81 是齿轮机构及其一般化运动连,图 3-82 是力作用构件及其一般化运动链,图 3-83 是夹持机构及其一般化运动链。

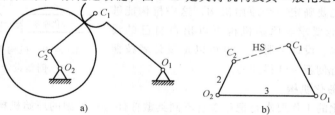

图 3-80　凸轮机构及其一般化运动链

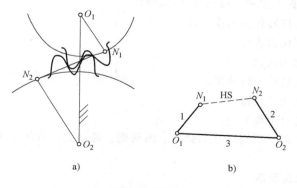

图 3-81　齿轮机构及其一般化运动链

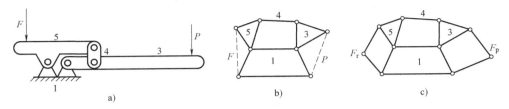

图 3-82　力作用构件及其一般化运动链

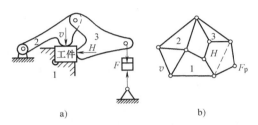

图 3-83　夹持机构及其一般化运动链

3.4.3　运动链连杆类配

将机构转化为一般化运动链后，可以得到一个或几个运动链，每一个运动链中包含不同数量的运动副和杆，这些运动链的总和称为连杆类配。运动链中的连杆类配可以表示为

$$LA(L_2/L_3/L_4/L_5/\cdots/L_n)$$

式中，L_2、L_3、$\cdots$、L_n 分别表示具有 2 个运动副、3 个运动副、$\cdots$、n 个运动副的连杆数量。

连杆类配可分为以下两种：

（1）自身连杆类配　指原始机构的一般化运动链（简称原始运动链）的连杆类配。

（2）相关连杆类配　按运动链自由度不变的原则，由原始运动链推出与其有相同连杆数和运动副数的连杆类配，据此原理，可以给出相关连杆类配应满足的两个方程式：

$$L_2+L_3+L_4+L_5+\cdots+L_n=N（连杆数量不变）$$
$$2L_2+3L_3+4L_4+5L_5+\cdots+nL_n=2J（运动副数量不变）$$

式中，N 为连杆中连杆总数；J 为运动链中的运动副总数。

下面以六杆机构为例进行运动链连杆类配。

设：自由度 $F=1$，杆件数 $N=6$，运动副数 $J=7$，假设没有复合铰链，则

$$3(N-1)-2J=F=1$$

设具有 n 个运动副的杆件数量为 L_n，则

$$L_2+L_3+L_4+L_5+\cdots+L_n+\cdots=N=6$$

$$2L_2 + 3L_3 + 4L_4 + 5L_5 + \cdots + nL_n + \cdots = 2J = 14$$

分析表明，如果取其中一个杆件的运动副数量≥5，即使其余杆件的运动副数量均为最小（=2），也会使总运动副数量大于14，与假设出现矛盾，所以只可能有一两种可能的解答：

$L_4 = 1$，$L_2 = 5$

$L_3 = 2$，$L_2 = 4$

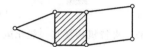

以上两种类配方案可以表示为 $LA = (5/0/1)$ 和 $LA = (4/2)$。由 $LA = (5/0/1)$ 组成的运动链如图3-84所示，其左面3个杆没有相对运动，而形成一个桁架结构。因此，这一运动链实际上退化为一个自由度的机构，不再是六杆机构，应该予以剔除。所以六杆机构的解答只有一种方案，即 $LA = (4/2)$。

图 3-84 $LA = (5/0/1)$ 组成的运动链

3.4.4   组合运动链和优化运动链

这一阶段包括以下工作：

（1）获得可能的运动链   根据机构综合理论，得到与一般化运动链杆件数量相同、运动副数量相同的全部可能的运动链。

（2）特定化运动链   通过施加约束，筛除所有不符合要求的运动链。

（3）优化运动链   通过对所有符合设计要求的运动链进行评价、比较，得到最适宜的机构。

根据六杆机构类配的一种形式，如 $LA = (4/2)$，按其中两个三副杆是否直接铰接，可以形成两种基本组合运动链（A型和B型），在此基本型的基础上还可以派生出两种组合运动链（C型和D型），如图3-85所示。

A型，图3-85a所示运动链的两个三副杆不直接铰接，也称为斯蒂芬孙型。

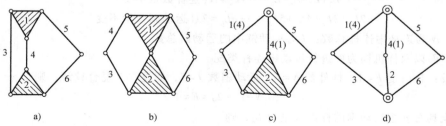

a)   b)   c)   d)

图 3-85   六杆机构的组合运动链

　　B 型，图 3-85b 所示运动链的两个三副杆直接铰接，也称为瓦特型。

　　C 型，图 3-85c 所示运动链是在 A 型或 B 型运动链的基础上，使连杆 1、4 与 5 构成复合铰链。

　　D 型，图 3-85d 所示运动链是在 C 型运动链的基础上，使杆 2、3 与 6 构成复合铰链。

3.4.5　实例分析

　　下面以摩托车尾部悬挂装置的创新设计为例，进一步说明机构类型再生设计的步骤和方法。图 3-86 是五十铃摩托车悬挂装置的结构图和机构简图。

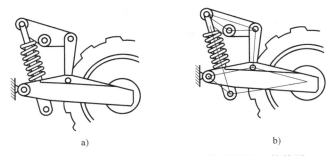

a)　　　　　　　　　　　　　b)

图 3-86　五十铃摩托车悬挂装置的结构图和机构简图

a) 结构图　b) 机构简图

　　结构图如图 3-87a 所示。用二级杆组替换图中的减震器，并去除机件，得到只包含刚性连杆和转动副的一般化运动链，如图 3-87b 所示。由图 3-87b 可知，此运动链为六杆运动链。按图 3-85a 所示 A 型运动链和图 3-85b 所示 B 型运动链，可以组合出多种机构，设计这些机构的约束条件有：

　　1）必须有一个减震器 S。

　　2）必须有一个机架 G。

　　3）必须有一个用于安装车轮的摆动杆 S_w。

　　4）减震器 S、机架 G 和摆动杆 S_w 必须是不同的构件。

　　5）摆动杆 S_w 必须与机架 G 相邻。

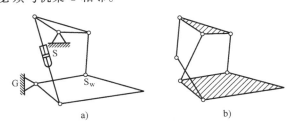

a)　　　　　　　　　　　　　b)

图 3-87　产生摩托车悬挂装置一般化运动链图

a) 机构简图　b) 一般化运动链图

通过以上的约束，可以组成 6 种方案，如图 3-88 所示。

根据以上机构设计方案，可以得到图 3-89 所示的机构简图。这些机构设计方案在不同的摩托车悬挂装置设计中被采用。

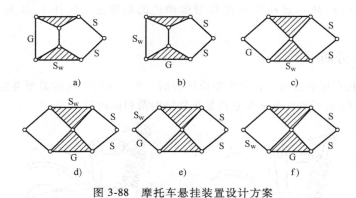

图 3-88　摩托车悬挂装置设计方案

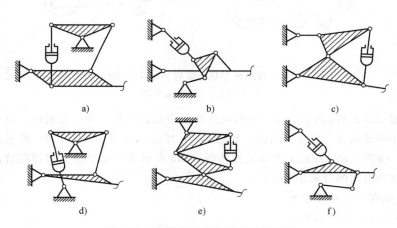

图 3-89　摩托车悬挂装置的机构简图

第4章 机械结构创新设计

4.1 结构方案的变异设计

机械结构是机械功能的载体，是功能实现的物质基础，是机械设计中各种分析过程的对象。机械结构设计是在原理方案设计和机构设计的基础上，确定机械装置的详细结构与参数的设计过程。结构设计过程要确定机械装置的结构组成及其装配关系，确定所有零件的具体形状、尺寸、精度、材料、热处理方式及表面状态。

机械结构设计是机械设计中最活跃的要素，其结果要能够可靠地实现给定的功能要求，满足在已有的工艺方法体系下的可实现性（可加工、可运输、可装配、可检验和最大限度地可回收利用），同时要满足安全性、经济性以及美观、环保等方面的要求。机械结构设计的多解性表明，存在众多满足设计要求的机械结构解。机械结构设计的目标是在众多的可行解中找到较好的解。本章分析寻求较好结构解的方法。

4.1.1 工作表面的变异

创造性思维在机械结构设计中的重要应用之一是结构变异设计方法。

结构变异设计方法能使设计者从一个已知的可行结构方案出发，通过变异设计，得到大量的可行方案。

变异设计的目的是寻求满足设计功能要求的、独立的结构设计方案，以便通过参数设计得到优化的结构解。通过变异设计所得到的、独立的设计方案数量越多，覆盖的范围越广泛，通过参数设计得到全局最优解的可能性就越大。

变异设计方法以已有的可行设计方案为基础，通过有序地改变结构的特征，得到大量的结构方案。变异设计的基本方法是通过对已有结构设计方案的分析，得出描述结构设计方案的技术要素的构成，然后再分析每一个技术要素的合理的取值范围，通过对这些技术要素机械创新设计在各自的合理取值范围内的充分组合，就可以得到足够多的、独立的结构设计方案。

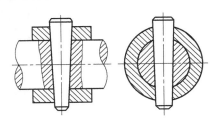

图 4-1 销连接结构

例如，图 4-1 所示为一种销连接结构，销的材料、形状、尺寸、位置、方向、数量等参数构成了描述销连接结构方案的技术要素，对这些技术要素在合理的取值范围内进行变异，就可以得到多种新的销连接结构方案。

在构成零件的多个表面中，有些表面与其他零件或工作介质直接接触，这些表面称为零件的工作表面。零件的工作表面是决定机械装置功能的重要因素，其设计是零部件设计的核心问题。通过对工作表面的变异设计，可以得到实现同一功能的多种结构方案。

工作表面的形状、尺寸、位置等参数都是描述它的独立技术要素，通过改变这些要素可以得到关于工作表面的多种设计方案。

图 4-2 描述的是通过对螺栓和螺钉的头部形状进行变异所得到的多种设计方案。其中，方案 a~c 的头部形状使用一般扳手拧紧，可获得较大的拧紧力矩，但不同的头部形状所需的最小工作空间（扳手空间）不同；滚花形（方案 d）和元宝形（方案 e）的头部形状用于手工拧紧，不需专门工具，使用方便；方案 f~h 的扳手作用于螺钉头的内表面，可使螺纹连接结构表面整齐美观；方案 i~l 分别是用十字形和一字形螺钉旋具拧紧的螺钉头部形状，拧紧过程所需的工作空间小，但拧紧力矩也小。可以想象，有许多可以作为螺钉头部形状的设计方案，不同的头部形状需要用不同的工具拧紧，在设计新的螺钉头部形状方案时要同时考虑拧紧工具的形状和操作方法。

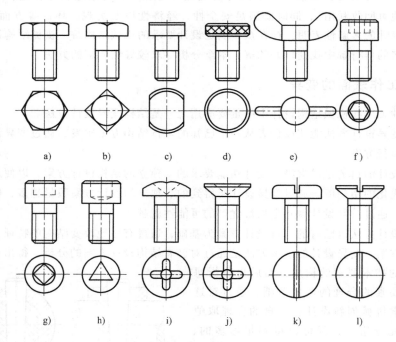

图 4-2　螺栓、螺钉头部形状的变异

图 4-3 所示为凸轮挺杆机构中通过将接触面互换的方法所实现的变异。在图 4-3a 所示的结构中，挺杆与摇杆通过球面相接触，球面在挺杆上，当摇杆的摆动角度变化时，摇杆端面与挺杆球面接触点的法线方向随之变化。由于法线方向与挺杆的轴线方向不平

行，挺杆与摇杆间作用力的压力角不等于零，会产生横向力，横向力需要与导轨支撑反力相平衡，支撑反力派生的最大摩擦力大于轴向力时造成挺杆卡死。如果将球面变换到摇杆上，如图 4-3b 所示，则接触面上的法线方向始终平行于挺杆轴线方向，有利于防止挺杆被卡死。

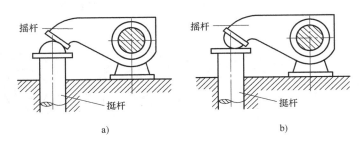

图 4-3　摇杆与挺杆工作表面位置的变换

　　图 4-4 所示为 V 形导轨结构的两种设计方案。在图 4-4a 所示结构中，上方零件（托板）导轨断面形状为凹形，下方零件（床身）为凸形，在重力作用下摩擦表面上的润滑剂容易自然流失。如果改变凸、凹零件的位置，使上方零件为凸形，下方零件为凹形，如图 4-4b 所示，则有利于改善导轨的润滑状况。

　　图 4-5 所示为棘轮—棘爪结构，描述棘轮—棘爪结构的技术要素包括轮齿形状、轮齿数量、棘爪数量、轮齿位置和轮齿尺寸等。图 4-6 表示通过对这些要素的变异得到的新结构，其中，图 a~c 表示对轮齿形状变异的结果，图 d 和 e 表示对轮齿数量进行变异的结果，图 f 和 g 表示对棘爪数量进行变异的结果，图 h 和 i 表示对轮齿位置变异的结果，图 j 和 k 表示对轮齿尺寸变异的结果。

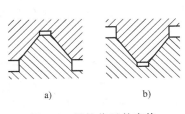

图 4-4　导轨位置的变换

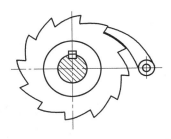

图 4-5　棘轮—棘爪结构

4.1.2　轴毂连接结构的变异

　　轴毂连接结构实现轴与轮毂之间的周向固定并传递转矩。按照轴与轮毂之间传递转矩的方式，可以将轴毂连接结构分为依靠摩擦力传递转矩的方式和依靠接触面形状、通过法向力传递转矩的方式。

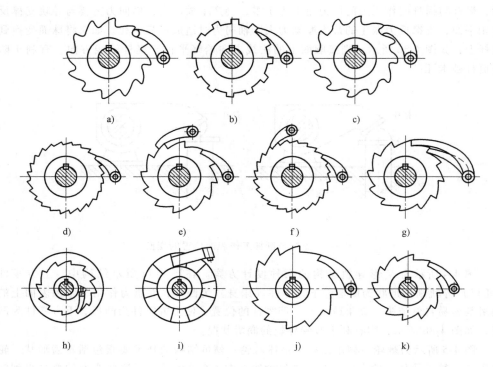

图 4-6 棘轮结构的变异

根据物理原理进行连接的方法称为锁合。依靠接触面的形状，通过法向力传递转矩的方式称为形锁合连接。图 4-7 所示的各种非圆截面都可以构成形锁合连接，但是由于非圆截面不容易加工，所以应用较少。应用较多的是在圆截面的基础上，通过打孔、开槽等方法构造出不完整的圆截面，通过变换这些孔或槽的尺寸、数量、形状、位置、方向等参数可以得到多种形锁合连接。图 4-8 所示为常用的、通过不完整的圆截面构成的形锁合连接结构。

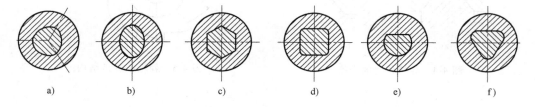

图 4-7 非圆截面轴毂连接
a）摆线 b）椭圆形 c）六角形 d）正方形 e）带切口圆形 f）三角形

依靠接触面间的压紧力所派生的摩擦力传递转矩的轴毂连接方式称为力锁合连接。圆柱面过盈连接是最简单的力锁合连接，它通过控制轴和孔的公差带位置关系获得轴与

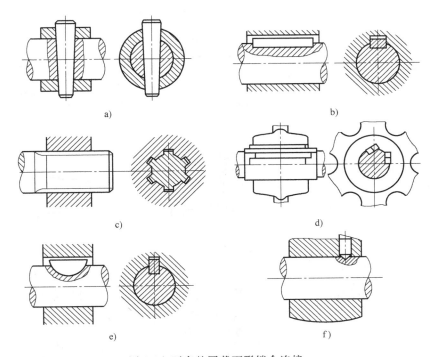

图 4-8　不完整圆截面形锁合连接

a) 销连接　b) 平键连接　c) 花键连接　d) 切向键连接　e) 半圆键连接　f) 紧定螺钉连接

孔的过盈配合，装配后的轴与孔结合紧密，接触面间产生较大的法向压力，可以派生出很大的摩擦力，既可以承担转矩，也可以承担轴向力。但是过盈连接对加工精度要求高，装配和拆卸都不方便，在配合面端部引起较大的应力集中。为了构造装、拆方便的力锁合连接结构，必须使被连接的轴和孔表面间在装配前无过盈，装配后通过调整等方法使表面间产生过盈，拆卸过程则相反。

　　基于这一目的，不同的调整结构派生出不同的力锁合轴毂连接形式，常用的力锁合连接方式有楔键连接、弹性环连接、圆锥面过盈连接、紧定螺钉连接、容差环连接、星盘连接、压套连接、液压胀套连接等，其中有些是通过在结合面间楔入其他零件（楔键、紧定螺钉）或介质（液体）使其产生过盈，有些则是通过调整使零件变形（弹性环、星盘、压套），从而产生过盈。常用的力锁合轴毂连接方式的结构如图 4-9 所示。这些连接结构中的工作表面为最容易加工的圆柱面、圆锥面和平面，其余为可用大批量加工方法加工的专用零件（如螺纹连接件、星盘、压套等），这是通过变异设计方法设计新型连接结构时必须遵循的原则，否则即使新结构在某些方面具有一些优秀的特性，也难以推广使用。在以上各种连接结构中没有哪一种结构是在各方面的特性都较好的，但是每一种结构都在某一方面或某几方面具有其他结构所没有的优越性，正是这种优越性使它们具有各自的应用范围和不可替代的作用。任何一种新开发的新型连接结构，只有具备某种优于其他结构的突出特性才可能在某些应用中被采用。

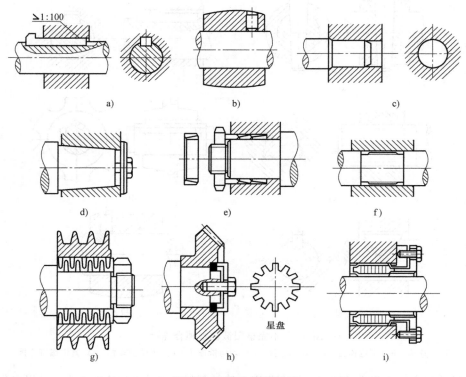

图 4-9　力锁合轴毂连接

a）楔键连接　b）平端紧定螺钉连接　c）圆柱面过盈连接　d）圆锥面过盈连接　e）弹性
环连接　f）容差环连接　g）压套连接　h）星盘连接　i）液压胀套连接

4.1.3　联轴器连接方式变异

联轴器连接两轴，并在两轴间传递转矩，两轴之间的不同连接方式可以构成不同的联轴器类型。

刚性联轴器在两轴之间构成刚性连接。图 4-10 所示的凸缘联轴器和套筒联轴器就是刚性联轴器。刚性联轴器具有较强的承载能力，但是对所连接的两轴之间的位置精度有较高的要求。

为了使联轴器可以适应所连接两轴之间存在的位置及方向误差，可以将联轴器分解为两个分别安装在所连接两轴端的半联轴器，将两个半联轴器通过弹性元件相连接，构成有弹性元件的挠性联轴器。由于不同材料在性能上的差别，选用不同弹性元件材料对联轴器的工作性能也有很大的影响。可选做弹性元件的材料有金属、橡胶、尼龙等。金属材料具有较高的强度、刚度和寿命，所以常用在要求承载能力大的场合；非金属材料的弹性变形范围大，载荷与变形的关系非线性，可用简单的形状实现较大变形量，但是

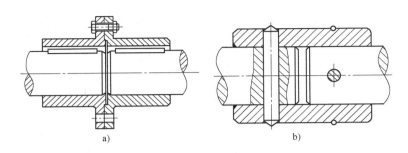

图 4-10　刚性联轴器

a) 凸缘联轴器　b) 套筒联轴器

非金属材料的强度差，寿命短，常用在要求承载能力较小的场合。由于弹性元件的寿命短，使用中需要多次更换弹性元件，在结构设计中应为更换弹性元件提供可能和方便，应为更换弹性元件留有必要的操作空间，应使更换弹性元件所必须拆卸、移动的零件数量尽量少。图 4-11 表示了使用不同弹性元件材料的有弹性元件挠性联轴器的结构。

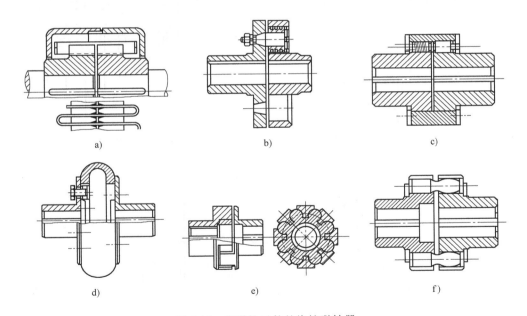

图 4-11　有弹性元件的挠性联轴器

a) 蛇形弹簧联轴器　b) 弹性套柱销联轴器　c) 弹性柱销齿式联轴器　d) 轮胎联轴器

e) 梅花形弹性联轴器　f) 弹性销联轴器

可以将两个半联轴器用特定运动副连接，使两个半联轴器之间具有某些运动自由度，使联轴器可以适应所连接两轴之间存在的位置及方向误差。

图 4-12 所示的万向联轴器通过两组正交的铰链连接两个半联轴器，使联轴器具有

调整两轴角度误差的能力。

图 4-13 所示的十字滑块联轴器通过半联轴器 1、3 与中间凸牵之间两个移动副连接两个轴，可以适应两轴之间的径向位置误差。

图 4-14 所示的平行轴联轴器用连杆通过两组平行铰链连接两个半联轴器，使两个半联轴器之间具有两个方向的移动自由度，适应两轴之间的径向位置误差。

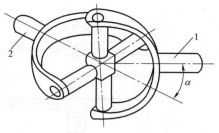

图 4-12 万向联轴器

1、2—半联轴器

图 4-15 所示的双万向联轴器将两个万向联轴器通过移动花键连接，可以适应两轴之间任意方向的角度误差和位置误差。

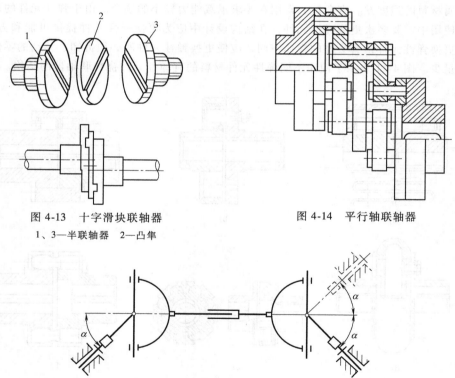

图 4-13　十字滑块联轴器

1、3—半联轴器　2—凸牵

图 4-14　平行轴联轴器

图 4-15　双万向联轴器

图 4-16 所示的鼓形齿式联轴器的两端通过鼓形外齿轮与内齿轮啮合，使得联轴器可以适应所连接两轴之间任意方向的误差。

图 4-17 所示的液力耦合器通过充满其中的液体连接泵轮和涡轮，泵轮在输入轴的带动下转动，并通过腔内的叶片将输入的能量转变为液体的动能，液体通过涡轮腔内的叶片推动涡轮转动，通过涡轮所连接的输出轴对外做功输出能量。

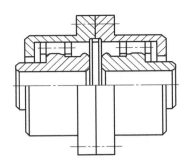

图 4-16　鼓形齿式联轴器

图 4-18 所示的钢球碰撞联轴器的工作原理与液力耦合器相似，只是把工作介质换为钢球，通过钢球在主动半联轴器和被动半联轴器叶片之间的碰撞在两个半联轴器之间传递动力。如果用电场、磁场、气体或松散物质替换其中的工作介质，就可以派生出其他类型的联轴器。

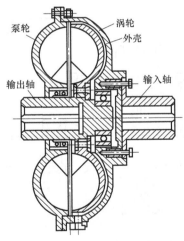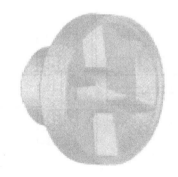

图 4-17　液力耦合器　　　　　　　　图 4-18　钢球碰撞联轴器（半联轴器）

4.2　提高性能的设计

机械产品的性能不但与原理设计有关，结构设计的质量也直接影响产品的性能，甚至影响产品功能的实现。下面分别分析为提高结构的强度、刚度、精度、工艺性等方面性能常采用的设计方法和设计原则，通过这些分析可以对结构的创新设计提供可供借鉴的思路。

4.2.1 提高强度和刚度的设计

强度和刚度是结构设计的基本问题，通过正确的结构设计可以减小单位载荷所引起的材料应力和变形量，提高结构的承载能力。

强度和刚度都与结构受力有关，在外载荷不变的情况下降低结构受力是提高强度和刚度的有效措施。

1. 载荷分担

载荷引起结构受力，如果多种载荷作用在同一结构上就可能引起局部应力过大。结构设计中应将载荷由多个结构分别承担，这样有利于降低危险结构处的应力，从而提高结构的承载能力，这种方法称为载荷分担。

图 4-19 所示为一位于轴外伸端的带轮与轴的连接结构。方案 a 所示结构在将带轮的转矩传递给轴的同时也将压轴力传给轴，它将在支点处引起很大的弯矩，并且弯矩所引起的应力为交变应力，弯矩和转矩同时作用会在轴上引起较大应力。方案 b 所示的结构中增加了一个支承套，带轮通过端盖将转矩传给轴，通过轴承将压轴力传给支承套，支承套的直径较大，而且所承受的弯曲应力是静应力，通过这种结构使弯矩和转矩分别由不同零件承担，提高了结构整体的承载能力。

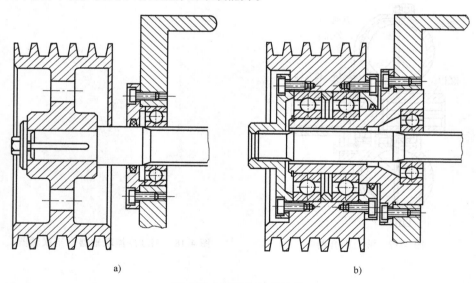

a)   b)

图 4-19   带轮与轴的连接

图 4-20a 所示为蜗杆轴系结构，蜗杆传动产生的轴向力较大，使得轴承在承受径向载荷的同时承受较大的轴向载荷，在图 4-20b 所示结构中增加了专门承受双向轴向载荷的双向推力球轴承，使得各轴承分别发挥各自承载能力的优势。

2. 载荷平衡

在机械传动中，有些做功的力必须使其沿传动链传递，有些不做功的力应尽可能使其传递路线变短，如果使其在同一零件内与其他同类载荷构成平衡力系则其他零件不受这些载荷的影响，有利于提高结构的承载能力。

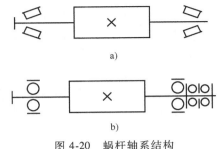

图 4-21a 所示的行星齿轮结构中齿轮啮合使中心轮和系杆受力。图 4-21b 所示结构中在对称位置布置三个行星轮，使行星轮产生的力在中心轮和系杆上合成为力偶，减小了有害力的传播范围，有利于相关结构的设计。

图 4-20 蜗杆轴系结构

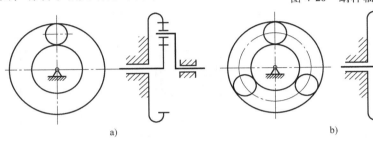

图 4-21 行星轮系结构

3. 减小应力集中

应力集中是影响承受交变应力的结构承载能力的重要因素，结构设计应设法缓解应力集中。在零件的截面形状发生变化处力流会发生变化（见图 4-22），局部力流密度的增加引起应力集中。零件截面形状的变化越突然，应力集中就越严重，结构设计时应尽力避免使结构受力较大处的零件形状突然变化以减小应力集中对强度的影响。零件受力变形时不同位置的变形阻力（刚度）不相同也会引起应力集中，设计中通过降低应力集中处附近的局部刚度可以有效地降低应力集中。例如图 4-23a 所示过盈配合连接结构在轮毂端部应力集中严重，图 b~d 所示结构通过降低轴或轮毂相应部位的局部刚度使应力集中得到有效缓解。

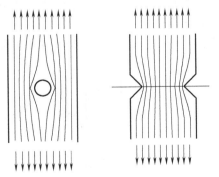

图 4-22 力流变化引起应力集中

由于结构定位等功能的需要，在绝大部分结构中不可避免地会出现结构尺寸及形状的变化，这些变化都会引起应力集中，如果多种变化出现在同一结构截面处将引起严重的应力集中，所以结构设计中应尽量避免这种情况。

图 4-24 所示的轴结构中台阶和键槽端部都会引起轴在弯矩作用下的应力集中，图 4-24a 所示的结构将两个应力集中源设计到同一截面处，加剧了局部的应力集中，图 4-24b 所示的结构使键槽不加工到轴段根部，避免了应力集中源的集中。

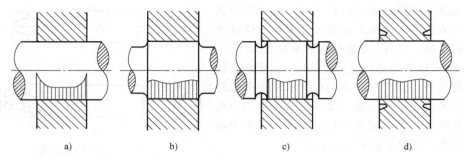

a)   b)   c)   d)

图 4-23   减小应力集中的过盈连接结构

4. 减小接触应力

高副接触零件的接触强度和接触刚度都与接触点的综合曲率半径有关，设法增大接触点的综合曲率半径是提高这类零件工作能力的重要措施。

渐开线齿轮齿面上不同位置处的曲率半径不同，采用正变位使齿面的工作位置向曲率半径较大的方向移动，对提高齿轮的接触强度和弯曲强度都非常有利。

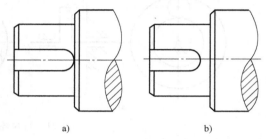

a)   b)

图 4-24   避免应力集中源的集中

图 4-25a 所示结构两个凸球面接触传力，综合曲率半径较小，接触应力大；图 4-25b 所示为凸球面与平面接触，图 4-25c 所示为凸球面与凹球面接触，综合曲率半径依次增大，有利于改善球面支承的强度和刚度。

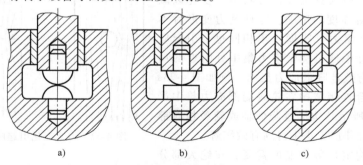

a)   b)   c)

图 4-25   改善球面支撑强度和刚度的结构设计

4.2.2   提高精度的设计

现代设计对精度提出越来越高的要求，通过结构设计可以减小由于制造、安装等原因产生的原始误差，减小由于温度、磨损、构件变形等原因产生的工作误差，减小执行机构对各项误差的敏感程度，从而提高产品的精度。

1. 误差均化

制造和安装过程中产生的误差是不可避免的，通过适当的结构设计可以在原始误差不变的情况下使执行机构的误差较小。试验证明螺旋传动的误差可以小于螺杆本身的螺距误差。图 4-26 所示为千分尺的测量误差与其螺距误差的对比图，图 4-26a 为千分尺的累积测量误差，图 4-26b 为通过万能工具显微镜测得的该千分尺螺杆的螺距累积误差。这一试验说明了关于机械精度的均化原理：在机构中如果有多个连接点同时对一种运动起限制作用，则运动件的运动误差决定于各连接点的综合影响，其运动精度高于一个连接点的限制作用。在一定条件下增加螺旋传动中起作用的螺纹圈数，使多圈螺纹同时起作用，不但可以提高螺旋传动的承载能力和耐磨性，而且可以提高传动精度。

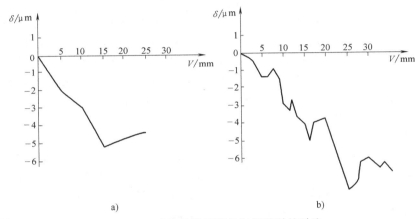

图 4-26　千分尺测量误差与螺距误差对比

2. 误差合理配置

在机床主轴结构设计中，提高主轴前端（工作端）的旋转精度是很重要的设计目标，主轴前支点轴承和主轴后支点轴承的精度都会影响主轴前端的旋转精度，但是影响的程度不相同。通过图 4-27 可知，前支点误差所引起的主轴前端误差为

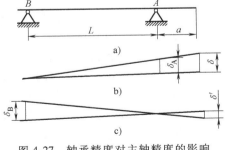

$$\delta = \delta_A \frac{L+a}{L}$$

后支点误差 δ_B 所引起的主轴前端误差为

$$\delta' = \delta_B \frac{a}{L}$$

图 4-27　轴承精度对主轴精度的影响

显然前支点的误差对主轴前端的精度影响较大，所以在主轴结构设计中通常将前支点的轴承精度选择得比后支点高一个等级。

3. 误差传递

在机械传动系统中，各级传动件都会产生运动误差，传动件在传递必要运动的同时也不可避免地将误差传递给下一级传动件。在如图 4-28 所示的多级机械传动系统中，假设各级的运动误差分别为 δ_1、δ_2、δ_3，输入运动为 ω_1，则输出运动为

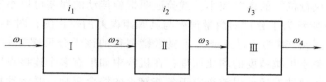

图 4-28   多级机械传动系统

$$\omega_4 = \frac{\omega_1}{i_1 i_2 i_3} + \frac{\delta_1}{i_2 i_3} + \frac{\delta_2}{i_3} + \delta_3$$

其中第一项是传动系统需要获得的运动，其余三项为运动误差。通过对误差项的分析可见各误差项对总误差的影响程度不同，如果传动系统为减速传动（$i>1$），则最后一级传动所产生的运动误差对总误差影响最大，所以在以传递运动为主要目的的减速传动系统设计中通常将最后一级传动件的精度设计得较高，反之在加速传动系统（$i<1$）中第一级传动所产生的传动误差对总误差影响最大，在这样的传动系统中通常将第一级传动件的精度设计得较高。

4. 误差补偿

在机械结构工作过程中，会由于温度变化、受力、磨损等因素使零部件的形状及相对位置关系发生变化，这些变化也常常是影响机械结构工作精度的原因。温度变化、受力后的变形和磨损等过程都是不可避免的，但是好的结构设计可以减少由于这些因素对工作精度造成的影响。在图 4-29 所示的两种凸轮机构设计中，凸轮和移动从动件与摇杆的接触点上都会不可避免地发生磨损，图 4-29a 的结构使得这两处磨损对从动件的运动误差相互叠加，而图 4-29b 的结构则使得这两处磨损对从动件的运动误差的影响互相抵消，从而提高了机构的工作精度。

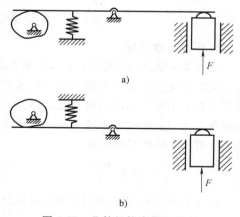

图 4-29   凸轮机构磨损量补充

5. 采用误差较小的近似机构

有些应用中为简化机构而采用某些近似机构，这会引入原理误差，在条件允许时优先采用近似性较好的机构可以减小原理误差。图 4-30 所示的两种凸轮近似机构都可以得到手轮的旋转运动与摆杆摆动角之间的近似线性关系。图 4-30a 为正切机构，这种机构中手轮的旋转角 φ 与摆杆摆角 θ 之间的关系为

$$\varphi \propto \tan\theta + \frac{\theta^3}{3}$$

图 4-30b 为正弦机构，这种机构中手轮的旋转角 φ 与摆杆摆角 θ 之间的关系为

$$\varphi \propto \sin\theta - \frac{\theta^3}{6}$$

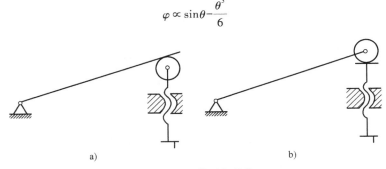

图 4-30　凸轮近似机构

a）正切机构　b）正弦机构

从公式可以明显看到正弦机构的原理误差比正切机构的原理误差小一半，而且螺纹间隙引起的螺杆摆动基本不影响摆杆的运动，说明采用正弦机构比采用正切机构能获得更高的传动精度。

6. 零件分割

为保证运动副正常工作，很多运动副（如齿轮、螺旋等）工作表面间需要必要的间隙，但是由于间隙的存在，当运动方向改变时，因工作表面的变换，使得被动零件运动方向的改变滞后于主动零件，产生了回程误差。

回程误差是由间隙引起的，而间隙是运动副正常工作的必要条件，间隙会随着磨损而增大，减小（或消除）运动副的间隙可以减小（或消除）回程误差。

图 4-31 所示为车床托板箱进给螺旋传动间隙调整机构。在此结构中将螺母沿长度方向分割为两部分，当由于磨损使螺纹间隙增大时，可以通过调整两部分螺母之间的轴向距离使其恢复正常的间隙。调整时首先松开图中左侧固定螺钉，拧紧中间的调整螺钉，拉动楔块上移，同时通过斜面推动左侧螺母左移，使螺纹间隙减小，从而减少回程误差。图 4-32 所示的螺旋传动间隙弹性调整结构将楔块改为压缩弹簧，可以实时消除螺纹间隙，消除回程误差。将一个零件分割为两部分，通过两部分之间的相对位移可以减小或消除啮合间隙，从而减小或消除回程误差。

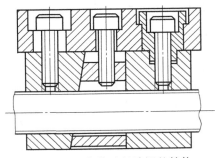

图 4-31　螺旋传动间隙调整结构

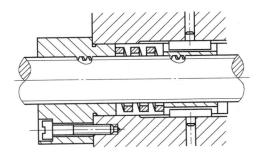

图 4-32　螺旋传动间隙弹性调整结构

图 4-33 所示为消除齿轮啮合间隙的齿轮结构。结构中将原有齿轮沿宽度方向分割成两个齿轮，两半齿轮可相对转动，两半齿轮通过弹簧连接，由于弹簧的作用，使得两半齿轮分别于相啮合齿轮的不同齿侧相啮合，弹簧的作用是消除啮合间隙，并可以及时补偿由于磨损造成的齿厚变化。这种齿轮传动机构由于实际作用齿宽较小，承载能力较小，通常用于以传递运动为主要目的的齿轮传动装置中。

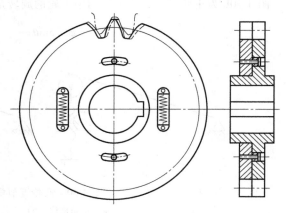

图 4-33　消除齿轮啮合间隙结构

4.2.3　提高工艺的设计

设计的结果要通过制造、安装、运输等过程实现，机械设备使用过程中还要多次对其进行维修、调整及操作，正确的结构设计使这些过程可以进行，好的结构设计应使这些过程方便、顺利地进行。

1. 方便装卡

大量的零件要经过机械切削加工工艺过程，多数机械切削加工过程首先要对零件进行装卡。结构设计要根据机械切削加工机床的设备特点，为装卡过程提供必要的夹持面，夹持面的形状和位置应使零件在切削力的作用下具有足够的刚度，零件上的被加工面应能够通过尽量少的装卡次数得以完成。如果能够通过一次装卡对零件上的多个相关表面进行加工，这将有效地提高加工效率。

在图 4-34 所示的顶尖结构中，图 4-34a 所示结构只有两个圆锥表面，用卡盘无法装卡；在图 4-34b 所示的结构中增加了一个圆柱形表面，这个表面在零件工作中不起作用，只是为了实现工艺过程而设置的，这种表面称为工艺表面。

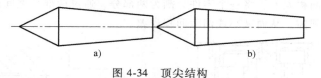

图 4-34　顶尖结构

在图 4-35 所示的轴结构中，图 4-35a 所示将轴上的两个键槽沿周向成 90° 布置，这两个键槽必须两次装卡才能完成加工；图 4-35b 所示的结构中将两个键槽布置在同一周向位置，使得可以一次装卡完成加工，方便装卡，提高加工效率。

图 4-36 所示为立式钻床的床身结构，床身左侧为导轨，需要精加工，床身右侧没有工作表面，不需要切削加工。在图 4-36a 所示的结构中没有可供加工导轨工作表面使用的装卡定位表面；在图 4-36b 所示的结构中虽然设置了装卡定位表面，但是由于表面

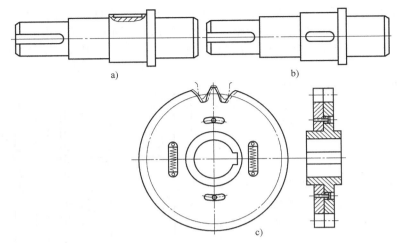

图 4-35　减少装夹次数的设计

过小，用它定位装卡在加工中不能使零件获得足
够的刚度；在图 4-36c 所示的结构中增大了定位
面的面积，并在上部增加了工艺脐，作为定位装
卡的辅助支撑，由于工艺脐在钻床工作中没有任
何作用，通常在加工完成后将其去除。

2. 方便加工

切削加工所要形成的几何表面的数量、种类
越多，加工所需的工作量就越大，结构设计中尽
量减少加工表面的数量和种类是一条重要的设计
原则。

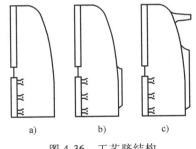

图 4-36　工艺脐结构

例如齿轮箱中同一轴系两端的轴承受力通常不相等，但是如果将两轴承选为不同型号，
两轴承孔成为两个不同尺寸的几何表面，加工工作量将加大。为此通常将轴系两端轴承选为
相同型号。如必须将其选为不同尺寸的轴承时可在尺寸较小的轴承外径处加装套杯。

图 4-37a 所示的箱形结构顶面有两个不平行平面，要通过两次装卡才能完成加工；
图 4-37b 将其改为两个平行平面，可以一次装卡完成加工；图 4-37c 将两个平面改为平
行而且等高，可以将两个平面作为一个几何要素进行加工。

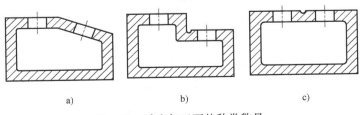

图 4-37　减少加工面的种类数量

结构设计中如果为加工过程创造条件，使得某些加工过程可以成组进行，将会明显地提高加工工作效率。图 4-38 所示的齿轮结构中，图 4-38a 所示的齿轮结构由于轮毂与轮缘不等宽，如果成组进行滚齿加工则由于零件刚度较差而影响加工质量，如改为图 4-38b 所示的结构，使轮毂与轮缘等宽，则为成组滚齿创造了条件，大大提高了滚齿工作效率。

3. 简化装配、调整和拆卸

加工好的零部件要经过装配才能成为完整的机器，装配的质量直接影响机器设备的运行质量，设计中是否考虑装配过程的需要也直接影响装配工作的难度。

图 4-39a 所示的滑动轴承右侧有一个与箱体连通的注油孔，如果装配中将滑动轴承的方向装错将会使滑动轴承和与之配合的轴得不到润滑。由于装配中有方向要求，装配人员就必须首先辨别装配方向，然后进行装配，这就增加了装配工作的工作量和难度。如改为图 4-39b 所示结构则零件成为对称结构，虽然不会发生装配错

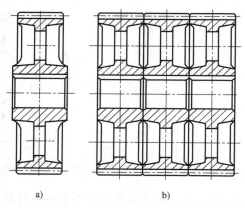

图 4-38　使齿轮成组加工的结构设计

误，但是总有一个孔实际并不起润滑作用。如改为图 4-39c 所示的结构，增加环状储油区，则使所有的油孔都能发挥润滑作用。

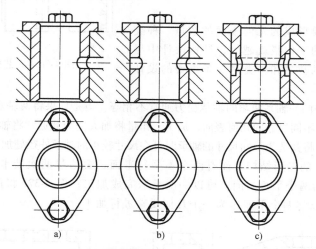

图 4-39　降低装配难度的结构设计

随着装配过程自动化程度的提高，越来越多的装配工作应用了装配自动线或装配机器人，这些自动化设备具有很高的工作速度，但是对零件上的微小差别的分辨能力比人差很多，这就要求设计人员应减少那些具有微小差别的零件种类，或增加容易识别的明显标志，或将相似零件在可能的情况下消除差别，合并为同一种零件。

例如图 4-40a 所示的两个圆柱销的外形尺寸完全相同，只是材料及热处理方式不同，这在装配过程中无论是人或是自动化的机器都很难区别，装错的可能性极大。如果改为图 4-40b 所示的结构，使两个零件的外形尺寸有明显的差别，使得错误的装配不能实现，这就避免了发生装配错误的可能性。

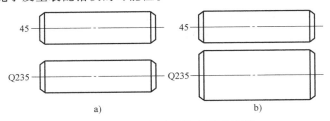

图 4-40　相似零件具有明显差别

在机械设计中很多设计参数是依靠调整过程实现的，当对机器进行维修时要破坏某些经过调整的装配关系，维修后需要重新调整这些参数，这就增加了维修工作的难度。结构设计应减少维修工作中对已有装配关系的破坏，使维修更容易进行。

图 4-41a 所示轴承座结构的装配关系不独立，更换轴承时不但需要破坏轴承盖与轴承座的装配关系，而且需要破坏轴承座与机体的装配关系。图 4-41b 所示的结构中轴承座与机体的装配关系和轴承盖与轴承座的装配关系互相独立，更换轴承时不需要破坏轴承座与机体的装配关系。

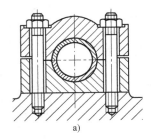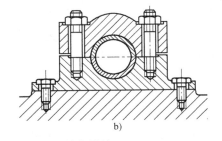

图 4-41　装配关系独立的结构设计

机械设备中的某些零部件由于材料或结构的关系使用寿命较低，这些零部件在设备的使用周期内需要多次更换，结构设计中要考虑这些易损零件更换的可能性和方便程度。例如 V 带传动中带的设计寿命较低，需要经常更换。V 带是无端带，如果将带轮设置在两固定支点间，则每次更换带时都需要拆卸并移动支点，为此通常将带轮设置在轴的悬臂端。图 4-42 所示的弹性套柱销联轴器的弹性元件由于使用橡胶材料所以寿命较低，联轴器两端通常连接较大设备，更换弹性元件时很难移动这些设备，

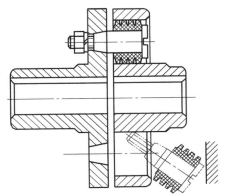

图 4-42　弹性套柱销联轴器

结构设计时应为弹性元件的拆卸和装配留有必要的空间。

4.3 适应材料性能的创新设计

结构形状要有利于材料性能的发挥。零件材料一般有金属材料、非金属材料；金属材料又包括有色金属材料与黑色金属材料；非金属材料常用的有塑料、橡胶、陶瓷及复合材料。材料的性能主要包括硬度、强度、刚度、耐磨性、磨合性、耐腐蚀性、传导性（导电、导热）等。零件结构形状设计应利用材料的长处，避免其短处，或者采用不同材料的组合结构，使各种材料性能得以互补。

4.3.1 扬长避短

铸铁的抗压强度比抗拉强度高得多，铸铁机座的肋板要设计成承受压力状态，以充分发挥其优势。如图 4-43 所示，显然图 4-43a 所示的结构差，图 4-43b 所示的结构好。

陶瓷材料承受局部集中载荷的能力差，在与金属件的连接中，应避免其弱点。如图 4-44 所示，其中图 4-44a 所示的机构不理想；图 4-44b 所示的销轴连接中用环形插销代替直插销，可增大承载面积，是种理想的结构形式。

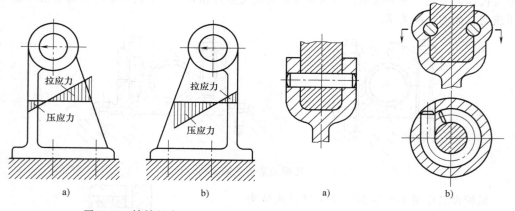

图 4-43 铸铁机座　　　　　　　　图 4-44 陶瓷连接

塑料是常用的工业材料之一，它重量轻，成本低，能制成很复杂的形状，但塑料强度、刚度低，易老化。用塑料做连接件要避免尖锐的棱角，因棱角处有应力集中，而塑料强度又低，所以很容易破坏。塑料螺纹的形状一般优先采用圆形或梯形，避免三角形，如图 4-45 所示。或者可以利用塑料的弹性，不采用螺纹连接，而采用简单的结构形状连接与定位，如图 4-46 所示。

4.3.2 性能互补

刚性与柔性材料合理搭配，在刚性部件中对某些零件赋予柔性，使其能用接触时的

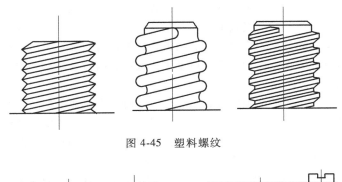

图 4-45　塑料螺纹

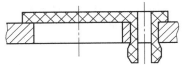 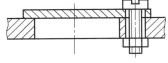

图 4-46　塑料连接的替代

变形来补偿工作表面几何形状的误差。图 4-47 所示的滚动轴承,将其外圈 2 装在弹性座圈 4 上,4 与外套 3 粘在一起。为防止 2 相对 4 轴向移动,在 4 的两边做有凸起 A,4 上每边还有 3 个凸起 5,它们相互错开 60°。4 上沿宽度方向设有槽 a。当轴承承受径向载荷时,槽就被变形的材料填满。这种轴承可以补偿安装变形,补偿轴向位移,补偿角度位移,减少震动与噪声,延长使用寿命。

对于两刚性元件的相对线性或角度位移量不大,容易处在边界摩擦状态下的连接,可在两个刚性元件之间加一个弹性元件,将两个刚性元件粘接在一起,用弹性元件变形时的内摩擦代替连接的滑动摩擦或滚动摩擦。图 4-48 所示的轴 4 上压配有套筒 2,4 与 3 之间只有摆动,若采用普通铰接,需要润滑,而且有磨损。当在中间粘有弹性套筒 2 后,不但省去润滑与密封,也消除了磨损,提高了可靠性,抗冲击能力,减轻了重量,减少了振动与噪声。

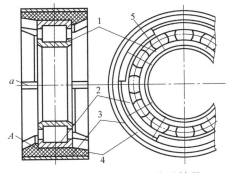 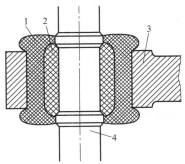

图 4-47　带弹性外圈的滚子轴承

1—内圈　2—外圈　3—外套　4—弹性座圈

5—凸起

图 4-48　带弹性元件的铰链

1—外套衬　2—套筒　3—外套　4—轴

为提高零件的耐磨性，常采用铜合金、白合金等耐磨性能好的材料，但他们均属于有色金属，价格昂贵，而且强度较低。因此结构设计时，采用只有接近工作面的部分使用有色金属。如蜗轮轮缘用铜合金，轮芯用铸铁或钢；滑动轴承座用铸铁或钢，用铜合金做轴瓦；并且轴瓦表面贴附的白合金厚度不用太厚，因白合金强度差，易产生疲劳裂纹，使轴瓦失效。

对于链传动，由于是非共轭啮合，所以在工作时会产生冲击振动。经分析，在链条啮入处引起的冲击、振动最大，为改变这种情况，可在链条或链轮的结构上进行变性设计。图4-49所示是在链轮的端面加装橡胶圈，橡胶圈的外圈略大于链轮齿根圆，当链条进入啮合时，首先是链板与橡胶圈接触，当橡胶圈受压变性后，滚子才达到齿沟就位。图4-50所示的链轮齿沟处开有径向沟槽，用以改变系统的自振频率，避免共振。同时此链轮的两侧面加装有橡胶减震环，用以减少啮合冲击。

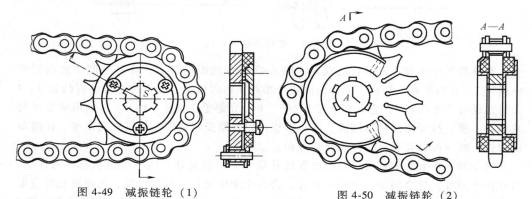

图 4-49　减振链轮（1）　　　　　　　图 4-50　减振链轮（2）

在奥运会期间，运动员在获得奖牌（见图4-51）后处于兴奋状态，有可能将奖牌抛向空中。为了提高奖牌的抗冲击性能，提高强度，奖牌设计修改完善小组对奖牌金属和玉结合的工艺技术及安全性等进行了多次技术测试，最后采取的工艺方法及结构大致如图4-52所示，在玉与金属奖牌座之间填充了弹性胶体作为缓冲吸振体。实验证明，将奖牌从2m高空下落做自由落体运动，落地时奖牌完好无损。

图 4-51　奥运会奖牌

常见的V带传动中的V带结构如图4-53所示，由顶胶1、抗拉体2、底胶3和包布4组成。由于抗拉体需要承受较大的拉力，所以采用绳芯或帘布芯来承受，而其他部分则采用橡胶和浸有橡胶的包布，可以增大V带与带轮槽侧面的附着性和摩擦力，实现功能互补。

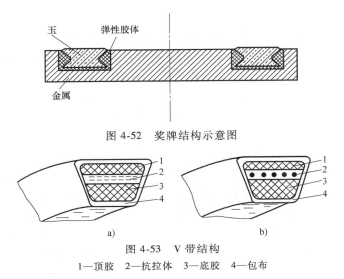

图 4-52　奖牌结构示意图

图 4-53　V 带结构

1—顶胶　2—抗拉体　3—底胶　4—包布

4.3.3　结构形状变异

运用不同的材料，往往同时伴随着零部件结构形状的变异。图 4-54 所示的三种夹子，分别采用木材（见图 4-54a）、金属（见图 4-54c）、塑料（见图 4-54b），同时伴随着结构形状的变异。

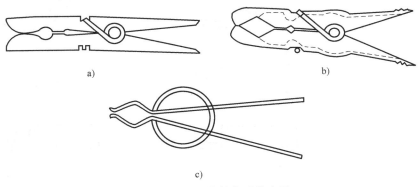

图 4-54　夹子的结构形状变异

4.4　结构的宜人化设计

4.4.1　适合人的生理特点的结构设计

人在对机械的操作中通过肌肉发力对机械做功，通过正确的结构设计使操作者在操作中不容易疲劳，是其连续正确操作的重要前提条件。

1. 减少疲劳的设计

人体在操作中靠肌肉的收缩对外做功，做功所需的能量物质（糖和氧）要依靠血液输送到肌肉。如果血液不能输送足够的氧，则糖会在无氧或缺氧的状态下进行不完全分解，不但释放出的能量少，而且会产生代谢中间产物——乳酸。乳酸不易排泄，乳酸在肌肉中的积累会引起肌肉疲劳、肿痛、反应迟钝。长期使某些肌肉处于这种工作状态会对肌肉、肌腱、关节及相邻组织造成永久性损害，机械设计应避免使操作者在这样的状态下工作。

当操作人员长时间保持某一种姿势时，身体的某些肌肉长期处于收缩状态，肌肉压迫血管使血液流通受阻，血液不能为肌肉输送足够的氧，肌肉的这种工作状态称为静态肌肉施力状态。设计与操作有关的结构时应考虑操作者的肌肉受力状态，尽力避免使肌肉处于静态肌肉施力状态。表 4-1 所示的几种常用工具改进前的形状因为使某些肌肉处于静态施力状态，不适宜长时间使用，改进后使操作者的手更趋于自然状态，减少或消除了肌肉的静态施力状况，使得长时间使用不易疲劳。例如曾有人对图中所示的两种钳子对操作者造成的疲劳程度做过对比试验。试验中两组各 40 人分别使用两种钳子进行为期 12 周的操作，试验结果是使用直把钳的一组先后有 25 人出现腱鞘炎等症状，而使用弯把铅的一组中只有 4 人出现类似症状，试验结果如图 4-55 所示。

表 4-1 工具的改进

工具名称	改进前	改进后
夹钳		
锤子		
手锯		
螺钉旋具		
键盘		

试验证明人在静态施力状态下能够持续工作的时间与施力大小有关。当以最大能力施力时肌肉的供血几乎中断，施力只能持续几秒钟。随着施力的减小能够持续工作的时

间加长。当施力大小等于最大施力值的 15% 时血液流通基本正常，施力时间可持续很长而不疲劳，等于最大施力值 15% 的施力称为静态施力极限，试验结果如图 4-56 所示。当某些操作中静态施力状态不可避免时，应限制静态施力值不超过静态施力极限。

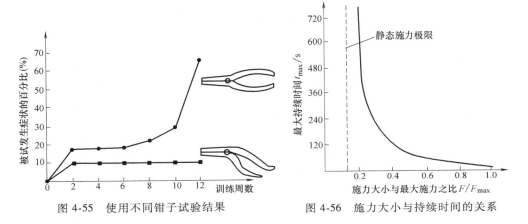

图 4-55　使用不同钳子试验结果　　　　图 4-56　施力大小与持续时间的关系

2. 容易发力的设计

操作者在操作机器时需要用力，人在处于不同姿势、向不同方向用力时发力能力差别很大。试验表明人手臂发力能力的一般规律是右手发力大于左手，向下发力大于向上发力，向内发力大于向外发力，拉力大于推力，沿手臂方向大于垂直手臂方向。

人以站立姿势操作时手臂所能施加的操纵力明显大于坐姿，但是长时间站立容易疲劳，站立操作的动作精度比坐姿操作的精度低。

图 4-57 显示了人脚在不同方向上的操纵力分布。脚能提供的操纵力远大于手臂的操纵力，脚所能产生的最大操纵力与脚的位置、姿势和施力方向有关，脚的施力方向通常为压力，脚不适于做频率高或精度高的操作。

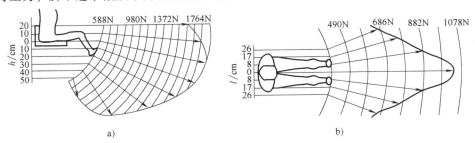

图 4-57　脚的操纵力分布

综合以上分析，在设计需要人操作的机器时，首先要选择操作者的操作姿势，一般优先选择坐姿，特别是动作频率高、精度高、动作幅度小的操作，或需要手脚并用的操作。当需要施加较大的操纵力，或需要的操作动作范围较大，或因操作空间狭小，无容膝空间时可以选择立姿。操纵力的施加方向应选择人容易发力的方向。施力的方式应避免使操作者长时间保持一种姿势，当操作者必须以不平衡姿势进行操作时应为操作者设置辅助支撑物。

4.4.2 适合人的心理特点的结构设计

对复杂机械设备，操作者要根据设备的运行状况随时对其进行调整，操作者对设备工作情况的正确判断是进行正确调整的基本条件之一。

1. 减少观察错误的设计

在由人和机器组成的系统中人起着对系统的工作状况进行调节的"调节器"作用，人的正确调节来源于人对机器工作情况的正确了解和判断，所以在人—机系统设计中使操作者能够及时、正确、全面地了解机器的工作状况是非常重要的。

操作者了解机器的工作情况主要通过机器上设置的各种显示装置（显示器），其中使用最多的是作用于人的视觉的视觉显示器，其中又以显示仪表应用最为广泛。

在显示仪表的设计中应使操作者观察方便，观察后容易正确地理解仪表显示的内容，这要通过正确地选择仪表的显示形式、仪表的刻度分布、仪表的摆放位置以及多个仪表的组合实现。

选择显示器形式主要依据显示器的功能特点和人的视觉特性，试验表明：人在认读不同形式的显示器时正确认读的概率差别较大，试验结果见表4-2。

表4-2 不同形式刻度盘的误读率比较

刻度盘形式	开窗式	圆形	半圆形	水平直线	垂直直线
误读率	0.5%	10.9%	16.6%	27.5%	35.5%

通常在同一应用场合应选用同一形式的仪表，同样的刻度排列方向，以减少操作者的认读障碍。曾有人为节省仪表空间设计过图4-58所示的组合，为使两个仪表共用一个刻度值"8"而使两个刻度盘的刻度方向不同，使用证明，这种组合增加了认读困难，因而增大了误读率。仪表的刻度排列方向应符合操作者的认读习惯，圆形和半圆形应以顺时针方向为刻度值增大方向，垂直秩序应该从下到上为刻度增大方向。

仪表摆放位置的选择应以方便认读

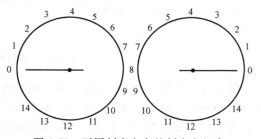

图4-58 不同刻度方向的刻度盘组合

为标准。试验证明，当视距为 80cm 时，水平方向最佳认读区在 ±20° 范围内，超过 ±24° 后正确认读时间显著增长；垂直方向的最佳认读区域为水平方向线以下 15° 范围内。重要的仪表应摆放在视区中心，相关的仪表应分组集中摆放，有固定使用顺序的仪表应按使用顺序摆放。

2. 减少操作错误的设计

人在了解机器工作状况的前提下通过操作对机器的工作进行必要的调整，使其在更符合操作者意图的状态下工作。人通过控制器对机器进行调整，通过反馈信息了解调整的效果。控制器的设计应使操作者在较少视觉帮助或无视觉帮助下能够迅速准确地分辨出所需的控制器，在正确了解机器工作状况的基础上对机器做出适当的调整。

首先应使操作者分辨出所需的控制器。在机器拥有多个控制器时要使操作者迅速准确地分辨出不同的控制器就要使不同的控制器的某些属性具有明显的差别。常被用来区别不同控制器的属性有形状、尺寸、位置、质地等，控制器手柄的不同形状常被用来区别不同的控制器。由于触觉的分辨能力差，不易分辨细微差别，所以形状编码应使不同形状差别明显，各种形状不宜过分复杂。有人通过试验得出如图 4-59 所示的 16 种仅凭触觉就可以分辨的控制器手柄形状。如图 4-60 所示为 16 种（分三组）应用于不同场合的旋钮形状：其中 a 组应用于可做 360° 连续旋转的旋钮，旋钮的旋转角度不具有重要的意义；b 组用于调节范围不超过 360° 的旋钮，旋钮的旋转角度也不具有重要的意义；c 组用于调节范围不宜超过 360° 的旋钮，旋钮的偏转位置可向操作者提供重要信息。

图 4-59　凭触角可分辨的手柄形状

通过控制器的大小来分辨不同的控制器也是一种常用的方法。为能准确地分辨出不同的控制器，应使不同的控制器之间的尺寸差别足够明显。试验表明旋钮直径差为 12.5mm、厚度差为 10mm 时，人能够通过触觉准确地分辨。

通过控制器所在的位置分辨不同控制器的方法是一种非常有效的方法。试验表明人在不同方向对位置的敏感程度不同，图 4-61 表示了这种试验的

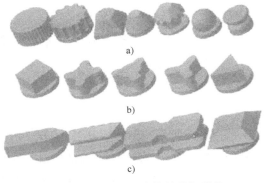

图 4-60　凭触角可分辨的旋钮形状

结果，沿垂直方向布置开关当间距大于 130mm 时摸错概率很低，水平方向布置间距应大于 200mm。

控制器的操作应有一定的阻力，操作阻力可以为操作过程提供反馈信息，提高操作过程的稳定性和准确性，并可防止因无意碰撞引起的错误操作。操作阻力的大小应根据控制器的类型、位置、施力方向及使用频率等因素合理选择。

为减少操作错误，控制器的设计还要考虑与显示器的关系。通常控制器与显示器配合使用，控制器与所对应的显示器的位置关系应使操作者容易辨认。有人进行过这样的试验，在灶

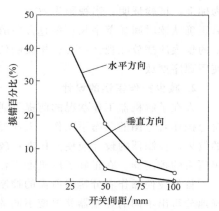

图 4-61　盲目操作开关的准确性

台上放置 4 副灶具，在控制面板上并排放置 4 个灶具开关，当灶具与开关以不同方式摆放时使用者出现操作错误的次数有明显差别，试验方法如图 4-62 所示。每种方案各进行 1200 次试验，方案 a 的误操作次数为零，其余三种方案的误操作次数分别为：b 方案 76 次，c 方案 116 次，d 方案 129 次。试验同时还显示了操作者的平均反应时间与错误操作次数具有同样的顺序关系。

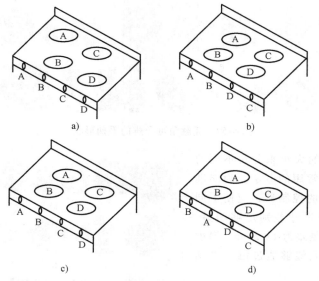

图 4-62　控制器与控制对象位置关系对比试验

根据控制器与显示器位置一致的原则，控制器与相应的显示器应尽量靠近，并将控制器放置在显示器的下方或右方。控制器的运动方向与相对应的显示器的指针运动方向的关系应符合人的习惯模式，通常旋钮以顺时针方向调整操作应使仪表向数字增大方向

变化。

4.5　模块拼接的结构设计

在结构创新过程中，通常先有一个构思雏形，然后再把这个构思用实物表现出来。对于很多构件或构件组合，若加工成实物，费用较高，所以用模块拼接的方法来构成实物，不失为一种简洁经济的结构创新方法。

在儿童玩具的插接积木中就体现了模块拼接法的思想内涵。如图 4-63a 所示，就是某种插接积木的基本插件，这些插件可以进行多方位的插接，形成不同功能的创意玩具。图 4-63b 所示的机器人及启发小朋友学前认知的图形就是用插接件组合而成的。目前工业上也采用慧鱼拼接模块进行结构的创新设计，慧鱼创意组合模型以其牢固的拼接方式，良好的拓展性，丰富的知识性和趣味性日益博得广大欧美青少年乃至成人广泛的认可和钟爱，慧鱼模型就是利用"六面可拼接体"这种开放的零件，来构建或者模拟现实发挥你的创意，来完成机电一体化的工业设计为主的模型组建。慧鱼模型在中国有众多的高校以及职业学校在使用，并且越来越受到大家的关注。慧鱼基本模块如图 4-64所示，图 4-65 所示是采用慧鱼组合模块搭接的大卡车模型。

a)

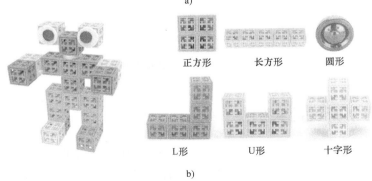

正方形　　　　长方形　　　　圆形

L形　　　　　U形　　　　　十字形

b)

图 4-63　插接积木的模块

a) 积木单元块　b) 拼成的玩具或图形

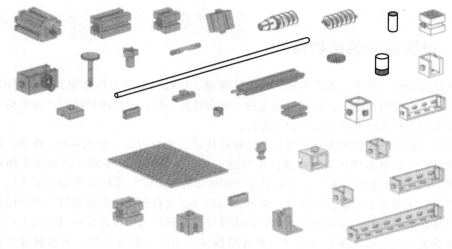

图 4-64　慧鱼基本模块

图 4-65　插接积木拼接的车

4.6　结构创新设计实例

本节以平动齿轮传动机构的设计为例介绍机械结构创新设计的方法。

以 K—H 型少齿差行星齿轮传动为原始机构，应用运动变换原理，给整个机构一个与行星轮角速度相同而转动方向相反（−）的转动，则行星轮的运动状态变为圆平动，平动齿轮传动由此得名。

1. 平动齿轮机构的结构及传动原理

（1）平动齿轮机构的基本型　平动齿轮机构的基本型由外平动齿轮机构和内平动齿轮机构两种基本型组成。

外平动齿轮机构是指一个齿轮在另一个齿轮的外部作平动，驱动另一个齿轮作定轴转动。图 4-66 所示为外平动齿轮机构的基本型。图 4-66a 为内啮合平动齿轮机构；图 4-66b 为外啮合平动齿轮机构。

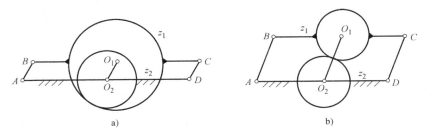

图 4-66　外平动齿轮机构的基本型

应用外平动齿轮机构的基本型，采用多环结构，可以演化成图 4-67 所示的二环和三环减速器。

图 4-67a 所示为采用互成 180°的两个内齿平动齿轮的二环减速器。由于二环减速器存在运动不确定位置，还需采取必要的措施加以克服。图 4-67b 所示为采用互成 120°的三个内齿平动齿轮的三环减速器。它们的特点是可以平衡惯性力，提高运动的平稳性和承载能力。

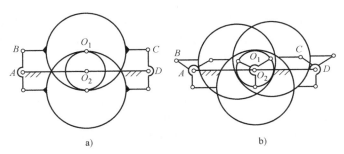

图 4-67　外平动齿轮机构基本型的组合

图 4-68 所示为三环传动的结构及传动原理。由两根互相平行的各有 3 个偏心轴颈的高速轴 H、3 个内齿轮 G 和 1 个宽齿外齿轮 K 组成。两根高速轴上的 3 个偏心轴颈的相位差 120°，3 个内齿轮 G 呈片状，又称内齿板，通过轴承安装在两根高速轴 H 上；宽齿外齿中心轮与低速轴固连，其轴线与两根高速轴 H 的轴线平行。高、低速轴均通过轴承支承在机架上。3 个内齿轮 G 同时与宽齿外齿轮 K 啮合，啮合的瞬时相位差为 120°。

（2）传动原理　当运动和动力从两根高速轴 H 之一输入时，支承在两高速轴上的内齿轮 G 做平面平动（行星轮 G 上的每一点的轨迹都是以高速轴偏心轴颈的偏心距为半径的圆），并驱动与之啮合的定轴外齿中心轮 K，使运动和动力从与其固联的从动轴输出，从而实现了大速比减速。运动和动力也可以同时从两根高速轴输入，它们的传动原理是相同的。

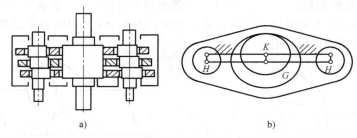

图 4-68　三环传动的结构及传动原理

由图 4-68b 知，两根高速轴上的偏心轴颈与内齿轮形成了平行四边形双曲柄机构。由平行四边形双曲柄机构运动特性可知，当单轴输入时，每 1 个行星轮在 0°和 180°位置时，是不能传递运动和转矩的，所以必须要用 3 个以上的内齿轮才能正常工作。三环传动中选择 3 个环状内齿板 G 作平动齿轮，三环传动由此得名。

（3）运动学分析　三环传动以高速轴 H 为主动件，从动件是外齿中心轮 K。由少齿差行星传动的传动比通用方程，得三环传动的传动比为

$$i_{HK}^{G} = \frac{z_{K}}{z_{G} - z_{K}}$$

负号表示主、从动件回转方向相反。

上式表明，传动比大小与平动齿轮 G 和中心轮 K 的齿数 z_{G}、z_{K} 及其齿数差 Δz（z_{G} - z_{K}）有关。在齿数差一定的情况下，齿数越多，传动比数值越大；在齿数一定的情况下，齿数差 Δz 越小，传动比数值越大。

（4）外平动齿轮传动的特点

1）传动比大、分级密集。少齿差行星传动类型的同轴线动轴传动，传动比大，单级传动比在 11~99 之间。双级传动比可达 9801。

2）承载能力大。由于少齿差内啮合曲率半径接近，齿形相差极小，啮合时几乎是面接触，齿面赫兹应力小。单偏心轴中心输入改为双偏心轴外侧输入后，单个行星架轴承变换为多个行星架轴承分担载荷，行星架轴承的寿命可达 2 万 h，而 K—H—V 型的行星架轴承的寿命只有 5000~10000h 左右，解决了少齿差行星传动行星架轴承为薄弱环节的技术难题，且行星架轴承等基本构件不受内齿轮尺寸的限制，可以按强度要求确定，有利于按强度进行优化设计。由 3 个内齿轮同时驱动外齿中心轮，载荷由 3 个内齿轮分担，提高了整机的承载能力。瞬时过载能力突出，是额定载荷的 2.7~4.0 倍。输出轴的转矩高达 400kN·m。对大、中、小功率的传动都适用。

3）传动效率高。同 K—H—V 型少齿差行星传动相比，因省去了 W 输出机构，且行星架轴承受力仅为 K—H—V 型少齿差行星传动行星架轴承受力的 60%，所以传动效

率高，单级传动效率可达 92%～96%。

4）结构紧凑、体积小、重量轻。3 个内齿圈类似于 3 个行星轮，转速变换后的低转速由外齿轮直接输出，故没有一般行星齿轮传动的行星架和少齿差行星传动的输出机构，简化了机构，保留了同轴线动轴传动结构紧凑的特点。比普通圆柱齿轮减速器的重量相应减小 1/3～2/3。比相同体积的摆线针轮减速器承载能力高 40%。可变换多种结构形式。

5）制造简单、维修拆装方便。零件种类少、易损件少，无需特殊材料及加工设备，制造成本低，使用寿命长。

6）能单轴或多轴传输动力。

（5）外平动齿轮传动存在的问题

1）为避免传动发生渐开线齿廓重叠干涉，应满足不发生齿廓重叠干涉的限制条件。为此，内齿轮副应采用角变位齿轮传动中的正传动（$x_1 + x_2 > 0$），并降低齿高，形成非标准的短齿，当齿数差（$z_G - z_K$）甚小，又要避免发生齿廓重叠干涉时，则必须增大传动机构的正变位系数，传动机构的啮合角 α' 也将随齿数差（$z_G - z_K$）的减小而增大。啮合角 α' 值大致范围为：$z_G - z_K = 1$，$\alpha' = 54° \sim 56°$；$z_G - z_K = 2$，$\alpha' = 38° \sim 41°$；$z_G - z_K = 3$，$\alpha' = 28° \sim 30°$；$z_G - z_K = 4$，$\alpha' = 25° \sim 27°$。啮合角 α' 增加时，将使传动机构的动力学性能变差。

2）结构上需要 3 个相位差 120° 的内齿啮合副，这为装配工艺增加了难度，因为必须满足一定的装配条件才能装配起来。同时也为精度设计增加了限制条件。

3）传动机构的振动大、噪声高，并随着转速的提高迅速增加。工业产品达到的噪声级为 74～82dB。

上述存在的问题不是加工方法或结构参数选择不当造成的，而是这种传动的基本原理所决定的，所以克服这些缺点的难度很大。基于此，外平动齿轮传动除提高现有类型的性能外，改进传动原理，开发新的传动类型是平动齿行星轮传动发展的重要途径。

外平动齿轮机构的 A、D 两轴的距离受结构的限制，必须大于内齿轮的齿根圆直径与 2 倍偏心轴距之和，即

$$L_{AD} > d_f + 2e$$

式中　d_f——内齿轮根圆直径；

　　　e——偏心轴距。

由于外平动齿轮机构的尺寸难以缩小，而且提供内齿轮作平动的曲柄轴只有两个，因此限制了输入功率的分流，不利于传递过大的功率。

（6）内平动齿轮机构的基本型及其演化

图 4-69 所示为内平动齿轮机构的基本型。图 4-69a 与图 4-69b 所示机构的运动特性完全相同，均能保证外齿轮做圆平动。应用内平动齿轮机构的基本型，可以演化成图 4-70 所示的内二环减速器和内三环减速器。

为减小机构尺寸，可把 AB、CD 两曲柄向内平移到平动齿轮的辐板内部，如图 4-69b 所示，其性能与图 4-69a 所示机构性能完全相同。均能保证外齿轮做圆平动。

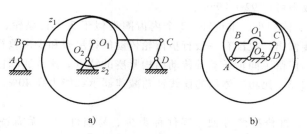

图 4-69　内平动齿轮机构的基本型

因为内平动齿轮机构可获得较小尺寸和重量，其整机性能优于外平动齿轮机构，所以以此理论为基础设计的内平动齿轮减速器优于外平动齿轮减速器。

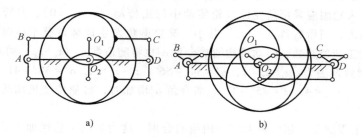

图 4-70　内平动齿轮机构的组合

2. 平动齿轮传动的关键技术

平动齿轮传动的关键技术是采用了"圆平动齿轮"。做无自转行星运动的动轴齿轮称为圆平动齿轮，齿轮做平动，其圆心的运动轨迹是一个圆。与圆平动齿轮啮合的另一个齿轮做定轴转动，且为输出构件。使齿轮实现圆平动运动的机构为圆平动机构。常用的圆平动机构有以下几种：

（1）用平行四边形机构实现齿轮圆平动　圆平动齿轮可以是内齿轮，也可以是外齿轮。图 4-71a 所示机构是通过外平行四边形机构实现内齿轮做圆平动的机构，外齿轮做定轴转动，且为输出构件。图 4-71b 所示机构是通过外平行四边形机构实现外齿轮做圆平动的机构，内齿轮做定轴转动，且为输出构件。图 4-71c 所示机构是通过内平行四

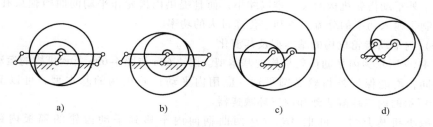

图 4-71　实现齿轮圆平动的平行四边形机构

边形机构实现内齿轮做圆平动的机构，外齿轮做定轴转动，且为输出构件。图 4-71d 所示机构是通过内平行四边形机构实现外齿轮做圆平动的机构，内齿轮做定轴转动，且为输出构件。

应用 "机构同性异形变换原理"，以平行四边形机构为原始机构，可以演化出多种性能相同而结构不同的圆平动机构。

（2）用正弦机构实现齿轮圆平动

图 4-72 所示为实现齿轮圆平动的正弦机构。在图 4-72a 中，正弦机构带动内齿轮做圆平动，外齿轮做定轴转动，且为输出构件。在图 4-72b 中，正弦机构带动外齿轮做圆平动，内齿轮做定轴转动，且为输出构件。

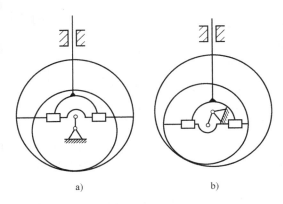

（3）用孔销机构实现齿轮圆平动

图 4-73 所示为实现齿轮圆平动的孔销机构。由设在齿轮上的销孔和与机架固连的柱销组成。在图 4-73a 中，行星架 H 带动外齿轮 G 做行星运动，受固定柱销与外齿轮上的销孔连

图 4-72　实现齿轮圆平动的正弦机构

续接触的约束，外齿轮的角速度 $\omega_G = 0$，即外齿轮的运动状态为圆平动。在图 4-73b 中，行星架 H 带动内齿轮 G 做行星运动，受固定柱销与内齿轮上的销孔连续接触的约束，限制了内齿轮的自转，使其实现了圆平动。

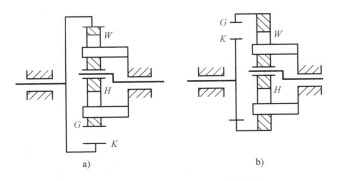

图 4-73　实现齿轮圆平动的孔销机构

应用 "机构同性异形变换原理"，还可以演化出多种圆平动机构。因为圆平动机构是平动齿轮传动的关键技术，它的性能决定了平动齿轮传动的性能，所以每综合出一种圆平动机构，就得到一种新型平动齿轮传动。

3. 平动齿轮机构的演化

平动发生器是平动齿轮机构的关键技术。不同的平动发生器，会演化出结构不同的

平动齿轮机构，相同的平动发生器，结构不同，也会演化出性能差异很大的平动齿轮传动装置。

（1）动盘式平动齿轮机构 根据"机构同性异形变换原理"，用浮动盘式 W 机构去替代孔销式 W 机构，就形成了图 4-74 所示的圆平动齿轮机构。浮动盘式平动齿轮传动机构由 N 型少齿差差动机构和浮动盘式平动机构组合构成。浮动盘是一个动轴线圆盘，其上有通过其几何中心的十字槽。两组销轴的一端分别放置在十字槽

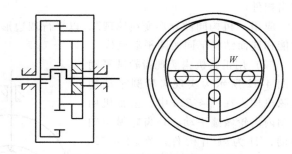

图 4-74 圆平动齿轮机构运动

中；而另一端，一组销轴与轮 G 固连，另一组销轴与机架固连，使浮动盘 W 机构成为圆平动机构。轮 G 在浮动盘圆平动机构控制下，做圆平动运动。

1）传动原理。运动由行星架输入，带动行星轮做行星运动，由于浮动盘销轴的约束，行星轮 G 在行星运动中不能自转，即做圆平动运动，使少齿差差动机构的自由度变成 F=1。于是圆平动齿轮机构完成了转速变换。

2）圆平动齿轮机构的特点：

① 省去了采用孔销式 W 机构在行星轮 G 上必须设置的直径等于 2 倍销轴直径的孔，大幅度改善了行星架轴承尺寸的选择条件，解决了少齿差行星传动行星架轴承寿命不高的难题。

② 浮动盘 W 机构的几何中心可以在传力过程中自由浮动，使作用在浮动盘十字槽上的 4 个力实现均载，提高承载能力。

③ 结构简单紧凑，体积小，重量轻，基本构件的工艺性好。

（2）平动齿轮减速滚筒 图 4-75 所示为平动齿轮减速滚筒结构简图，由电动机 1、滚筒 2 和孔销式平动齿轮机构 3 串联组成。电动机 1、平动发生器销轴与机架固连，内

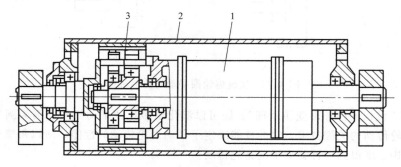

图 4-75 平动齿轮减速滚筒

1—电动机 2—滚筒 3—孔销式平动齿轮机构

齿中心轮与卷筒固连为输出件，形成卷扬机型减速装置。

1）传动原理。主动件电动机轴通过偏心轴驱动平动齿轮，在孔销式平动发生器的约束下，做圆平动，平动齿轮与内齿中心轮啮合，实现齿差式减速，减速后的低速由与中心轮固连的滚筒输出。

2）平动齿轮减速滚筒的特点：传动比大，机械效率高，结构紧凑，尺寸小，重量轻，均载性能好。

（3）双曲柄平动齿轮机构　由于前述三环减速器结构复杂，装配困难，要求加工精度高，使制造成本增加。为克服三环减速器的缺点，工程技术人员应用载荷分解原理，对平动齿轮机构进行演化，以二环减速器为原始机构，将单偏心轴输入演化为双偏心轴输入或多偏心轴输入，仍保持输入、输出轴的同轴性，并能大幅度提高机构的承载能力，开发出结构更加合理、性能更加优良、实用性更强的组合二环减速器多曲柄平动齿轮机构，如图 4-76所示。

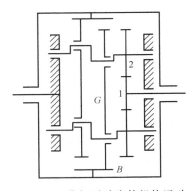

图 4-76　曲柄平动齿轮机构运动

多曲柄平动齿轮机构的传动原理为：输入轴的转速经第一级减速后，由平动发生器传递给平动齿轮 G，同时限制了平动齿轮的自转，再经第二级减速后，由内齿中心轮 B 输出。这种由内齿中心轮输出的曲柄平动齿轮传动机构适用于卷扬机、绞车、滚筒等，可以置于输出件内部的传动装置，其传动比统一表达式为

$$i_{1B}^{H} = \frac{z_2 z_B}{z_1(z_G z_B)} = i_1 i_2$$

式中　i_1——第一级减速传动比；

　　　i_2——第二级减速传动比。

在不改变第二级参数的条件下，仅调整第一级齿轮副的齿数 z_1、z_2（保持齿轮副 1、2 的中心距不变），即可改变整机的传动比。这一特点为双曲柄平动齿轮机构的标准化、系列化创造了有利条件，使这种减速器具有极大的应用前景。

第5章 机械传动的创新设计

传动装置是一种在距离间传递能量并兼实现某些其他作用的装置。这些作用是：①能量的分配；②转速的改变；③运动形式的改变（如回转运动改变为往复运动）等。

机器中所以要采用传动装置是因为：①工作机构所要求的速度、转矩或力，通常与动力机不一致；②工作机构常要求改变速度，用调节动力机速度的方法来达到这一目的往往很不经济；③动力机的输出轴一般只做等速回转运动，而工作机构往往需要多样的运动，如螺旋运动、直线运动或间歇运动等；④一个动力轴有时要带动若干个运动形式和速度都不同的工作机构。

传动装置是大多数机器的主要组成部分。例如，在汽车中，制造传动部件所花费的劳动量约占制造整个汽车的50%，而在金属切削机床中则占60%以上。

5.1 传动类型分析

传动分为机械传动、流体传动和电传动三类。在机械传动和流体传动中，输入的是机械能，输出的仍是机械能；在电传动中，则把电能变为机械能或把机械能变为电能。

机械传动分为啮合传动和摩擦传动；流体传动分为液压传动和气压传动。各种传动的特点见表5-1。

表5-1 各种传动的特点

特　　点	电传动	机械传动		流体传动	
		啮合传动	摩擦传动	液压传动	气压传动
能集中供应能量	+			+	+
便于远距离输送能量	+				
易于储蓄能量				+	+
动力分配与传送容易	+			+	+
能高速回转	+				+
能保持准确传动比		+			
无级变速范围大	+		+	+	
传动系统结构简单	+			+	+
传动效率较高	+	+			
直线运动时工作机构简单		+	+	+	+
作用于工作部分压力较大		+		+	
易于操纵（自动和远程操纵）	+			+	+
制造容易，精度要求一般	+	+	+		

（续）

特　　点	电传动	机械传动		流体传动	
		啮合传动	摩擦传动	液压传动	气压传动
安装布置较易	+			+	+
制造成本较低		+	+		
维修方便	+				
有过载保护作用			+	+	+
噪声较低			+	+	
重量较轻，体积较小				+	+

5.2　各种传动创新设计实例分析

5.2.1　齿轮传动

1. 行星齿轮传动

常见的齿轮传动装置中，齿轮的轴线一般是固定的，而行星齿轮传动装置中（如图 5-1 和图 5-2 所示，通常称为行星轮系），存在着轴线不固定的齿轮 2，它绕自身几何轴线 O_2 转动，又绕固定的几何轴线 O_1 转动，如同自然界的行星一样，即有自转又有公转，因此齿轮 2 称为行星轮，齿轮 1 和齿轮 3 的几何

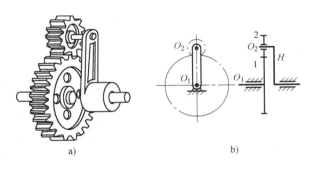

图 5-1　一个太阳轮的行星轮系

1—太阳轮　2—行星轮

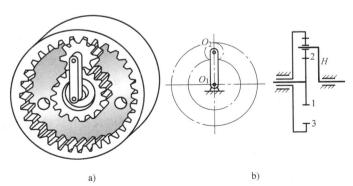

图 5-2　两个太阳轮的行星轮系

1、3—太阳轮　2—行星轮

轴线固定不动，称为太阳轮，支持行星轮做自转和公转的构件 H 称为行星架。

行星轮系可实现大的传动比，结构紧凑；利用行星轮系可实现运动的合成与分解，图 5-3 所示为汽车差速器中的行星轮系，它可以实现左右车轮转速不同的运动合成与分解。

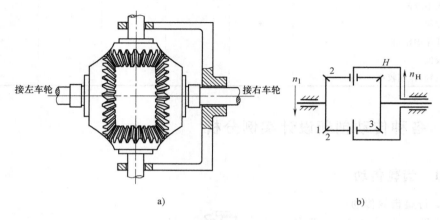

图 5-3 汽车差速器中的行星轮系

a）结构图 b）运动简图

1、3—太阳轮 2—行星轮

2. 渐开线少齿差行星齿轮传动装置

图 5-4 所示为渐开线少齿差行星轮系。它主要由固定的太阳轮 1、行星轮 2、行星架 H（输入端）、输出轴 V 及等速比机构 W 组成。当行星架 H 高速转动时，行星轮 2 便做平面回转运动，即一方面绕轴线 O_2 做公转，一方面又绕其自身轴线 O_1 做反方向自转，通过等速比机构 W 将行星轮的转运动同步传给输出轴 V。利用周转轮系传动比计算公式可以求得该装置的传动比为

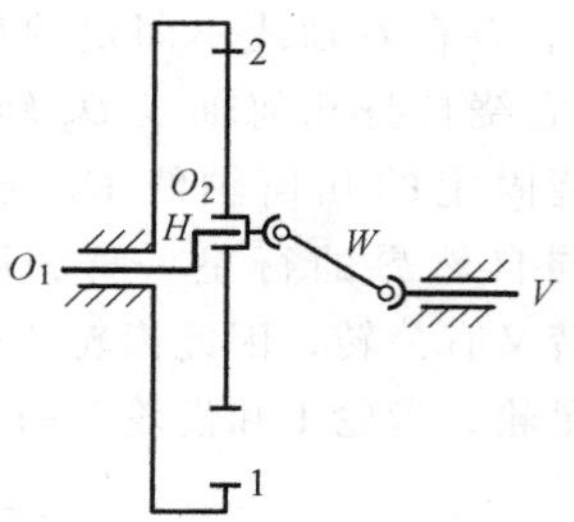

图 5-4 渐开线少齿差行星轮系

1—太阳轮 2—行星轮

$$i_{H2} = \frac{z_2}{z_1 - z_2}$$

由上式可知，太阳轮 1 与行星轮 2 齿数差越少，传动比 i_{H2} 越大。通常，齿数差为 1~4，所以称为少齿差行星齿轮传动。

等速比机构 W 可以采用双万向节、十字滑块联轴器以及销孔式输出机构等。图 5-5 所示为少齿差行星齿轮传动结构示意图。少齿差行星传动虽然传动比大，但同时啮合的齿数少，承载能力较低，且齿轮必须采用变位齿轮，计算比较复杂。此外其径向受力也较大。

3. 摆线针轮行星传动装置

摆线针轮传动是针对渐开线少齿差行星传动的主要缺点而改进发展起来的一种比较新型的传动。摆线针轮行星传动的减速原理、输出机构的形式均与渐开线少齿差行星传

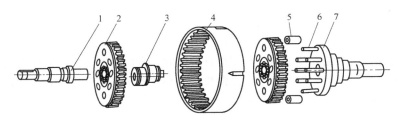

图 5-5　渐开线少齿差行星齿轮传动结构示意图

1—输入轴　2—行星轮　3—偏心轴　4—内齿轮　5—销轴套　6—销轴　7—输出轴

动相同，但其齿轮是采用摆线作为齿廓，其机构运动简图如图 5-6 所示。太阳轮 1 为针轮（针轮轮齿为带有滚动销套的圆柱销）固定在机壳上；行星轮 2 的齿轮为摆线齿轮。两轮的齿数相差 1，该传动装置的传动比为

$$i_{\mathrm{H2}} = \frac{z_2}{z_1 - z_2}$$

4. 谐波齿轮传动装置

传统的齿轮都是刚性的，能否突破传统的刚性齿轮框框，设计出具有柔性齿轮的传动装置？由此思维发明了谐波齿轮传动。

图 5-7 所示为谐波齿轮传动装置示意图。它主要由谐波发生器 H（相当于行星架）、刚轮 1（相当于太阳轮）和柔轮 2（相当于行星轮）组成。刚轮 1 是一个刚性内齿轮，柔轮 2 是一个容易变形的薄壁圆筒外齿轮，它们的齿距相同，但柔轮比刚轮少一个或几个齿。波发生器由一个转臂和几个滚子组成。通常波发生器 H 为原动件，柔轮 2 为从动件，刚轮 1 固定不动。

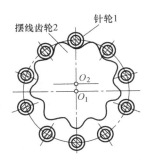

图 5-6　摆线针轮行星传动

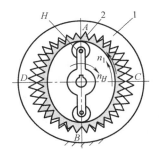

图 5-7　谐波齿轮传动

1—刚轮　2—柔轮

但波发生器 H 转动时，因为柔轮 2 的内壁孔径略小于波发生器长度，所以迫使柔轮产生弹性变形，其变形面呈椭圆形状。当椭圆长轴两端轮齿进入啮合时，短轴两端轮齿脱开，其余部位的轮齿处于过渡状态。随着波发生器回转，柔轮的长、短轴位置不断改

变，使轮齿的啮合和脱开位置不断变化，从而实现运动的传递。该传动装置的传动比为

$$i_{H2} = \frac{n_H}{n_2} = \frac{z_2}{z_1 - z_2} = -z_2$$

这种传动可由柔轮直接输出，封闭性好，同时啮合的齿数多，承载能力高，运动精度高，且平稳无冲击，轮齿磨损小、寿命长，传动效率较高，可达 0.8~0.9，但对柔轮材料、加工和热处理要求高，工艺复杂，此外其散热条件也较差。

5. 牵引驱动增速装置

将图 5-2 所示齿轮变成无齿的摩擦轮，便形成了图 5-8a 所示的牵引驱动传动装置，即用特殊牵引剂（也称化学齿轮）驱动的湿摩擦传动装置，并将其用于机床的刀柄的增速。如图 5-8b 所示为由哈尔滨理工大学于惠力课题组研制的用于铣床或钻床的传动比为 1：8 的牵引驱动增速刀柄。

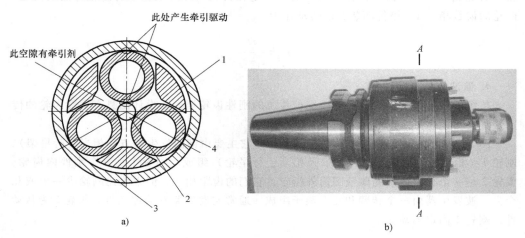

图 5-8　牵引驱动赠送刀柄及增速原理图
a）A—A 视图（增速原理图）　b）增速器实物
1—输入轴（莫氏锥）　2—输出轴　3—外套　4—行星轮

该增速刀柄考虑到通用性，采用将牵引驱动和标准的 BT 系列莫氏锥柄结合，在莫氏锥柄的中间部分加了牵引驱动增速装置，莫氏锥柄就是图 a 所示的件 1，即行星架，刀具轴即图中的件 2 太阳轮，行星架输入运动，太阳轮 2 输出运动，通过这一结构，便可以将机床主轴输入转速增大 8 倍传递给刀具。实现了在一次装夹工件中完成从粗加工到高精加工的全部过程，减小了辅助工时，丰富了普通数控机床和加工中心的刀库，可以在铣床上实现磨削，尤其是异形面的磨削，从而实现以铣代磨。应用于磨具系统的精加工，不但可以大大提高工件的加工精度和表面质量，降低生产成本，还可大大提高生产效率。

5.2.2　链传动

链条是人们很熟悉的常用的机械传动构件之一。链传动作为有中间挠性件的机械传动，其应用历史十分悠久，传统的链传动如图 5-9 所示，主要由链条和主动轮、从动轮

组成。实际应用场合往往还配置有张紧、润滑、
安全保护等装置。

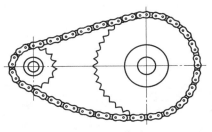

图 5-9　链传动

实际上，链条作为机构元件应用，有着很
广阔的发展空间，如能突破传统的结构形式，
可充分发挥链传动的优势，推动含有链条这种
挠性结构元件的创新设计。

链传动的传统模式是一根链条包绕在链轮
上，用来把主动轴的回转运动（动力）传递到
从动轴上。那么能否突破这种模式，由主动链
轮驱动安放在轨道里的链条，由链条的链节或输出机构输出复杂轨迹的运动，开创链传
动新的应用领域？能否打破习惯上把链条局限在传动元件或输送元件的范围内研究的局
限性，把链条这一特殊的机械挠性件看作机械元件来研究？

1. 导轨链传动

把传动链装入一定几何形状的导轨中，再配上与之相啮合的链条作为主动轮，组成
导轨链传动。主动轮可以作内啮合布置（见图 5-9），还可以作外啮合布置（见
图 5-10）。

从图 5-10 可知，销轴的两端装有滚轮 2，滚轮 2 与导轨 1 配合，以保证链条有与导
轨相同的几何轨迹，链轮 4 仍与滚子 3 啮合。其滚子链条是在标准滚子链结构上派生出
来的，是一种延长销轴滚子链。导轨链传动中没有从动轮，其运动输出直接利用链条本
身就能够得到各种几何形状的仿形运动，如将导轨链传动设计成各种输出机构，则可以
实现给定的各种复杂规律（包括运动轨迹变化和速度变化）的运动输出。

导轨链传动的运动输出机构很多，有如图 5-11 所示的直接利用链条本身输出运动
的机构，还有如图 5-12 所示的利用滑块导槽机构、曲柄连杆机构、槽轮间隙机构输出
运动的机构。其中，图 5-12a 所示为配置有滑块导槽机构的导轨链传动，它可以用来输
出直线往复运动。

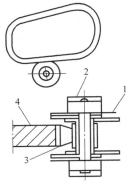

图 5-10　导轨链传动

1—导轨　2—滚轮　3—滚子　4—链轮

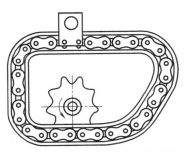

图 5-11　链条作为运动输出部件

这种结构的导轨链传动，在要求做长冲程的直线往复运动时有很大的优越性。如在石油行业的采油作业中，就采用了含导轨链传动的新式抽油机。

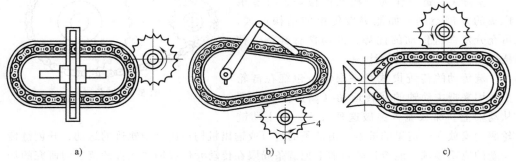

a)　　　　　　　　　　b)　　　　　　　　　　c)

图 5-12　导轨链传动的运动输出机构

2. 非圆链传动

在传统的链传动基础上，把一个链轮（也可以是两个链轮）换成非圆链轮，则可组成如图 5-13 所示的非圆链轮（椭圆链轮）传动。非圆链轮传动是一种变速链传动，可把做匀速回转的主动轮的运动变成按某种规律变速回转的从动轮的运动。

非圆链轮可视需要设计与加工成各种形状，如把自行车中的大链轮改为非圆链轮，可使骑车者在某一区域感到轻松与省力。

3. 链条齿圈传动

链条齿圈传动的结构如图 5-14 所示，链条齿圈是传动链围在大直径圆筒上并予以固定后组成，该传动宜在大直径圆柱体做低速回转的机械上采用，具有良好的经济性。

图 5-13　非圆链轮传动　　　　　　　　图 5-14　链条齿圈传动

4. 非链传动自行车

常见的自行车都是采用链传动，链传动有很多优点，能在风吹日晒雨淋的恶劣环境中工作，具有良好的适应性。能不能采用其他传动方式来代替链传动？新开发的齿轮传动自行车（见图 5-15），脚蹬带动齿轮通过传动轴将运动传至后轮，传动体被包覆，无绞人裙摆、裤脚之忧，并能提高传动效率。图 5-16 所示的自行车，采用曲柄摇杆机构代替链传动，以摇杆为主动件，脚踏摇杆时，自行车便可行进。

自行车有许多创新结构形式，如折叠自行车、高速自行车、变速自行车、多功能自行车等。

图 5-15　齿轮传动自行车

图 5-16　无链传动自行车

我爱发明节目播出的江苏常州的柳峰华和顾永军发明的健身自行车，如图 5-17 所示，将椭圆机和普通自行车结合，采用了曲柄摇杆机构和带传动结合的传动方式，既可以代步又可以健身，舒适度高且趣味性强。

5.2.3　液力偶合器和液力变矩器

图 5-18 是液力偶合器的工作原理简图。液力偶合器中，输入轴、泵轮与壳体焊接在一起，是偶合器的主动部分；涡轮和输出轴连接在一起，是液力偶合器的从动部分。在泵轮和涡轮上设有径向排列的叶片，泵轮和涡轮两者之间有一定的间隙，在它们中间内充满了液压油。当偶合器的壳体和泵轮转动时，泵轮叶片内的液压油也随之一同旋转，在离心力的作用下，液压油被甩向泵轮叶片外缘，并冲击涡轮叶片，使涡轮旋转。然后液压油又沿涡轮叶片向内流动，返回到泵轮的内缘，就这样形成液压油的循环流动。根据作用力、反作用力原理，输入轴的转矩就以液压油为传递介质从泵轮传递到涡轮，这一传递是等转矩的但也是柔性（容许相对滑移）的。显然，液力偶合器在正常工作时，涡轮的转速必然小于泵轮的转速，因此其传动效率永远达不到 100%。

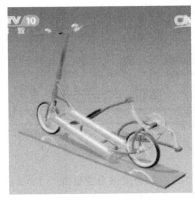

图 5-17　健步自行车

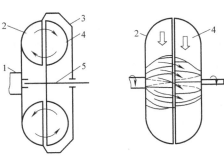

图 5-18　液力偶合器
1—输入轴　2—泵轮　3—偶合器壳体
4—涡轮　5—输出轴

液力变矩器结构如图 5-19 所示。液力变矩器工作时，泵轮、涡轮之间的液流关系与液力偶合器类似，但在它们中间多了一个导轮，导轮与变矩器的输出轴固定在一起。导轮与泵轮和涡轮都保持一定的间隙，它使液流在循环过程中接受导向，由于从涡轮叶片下缘流向导轮的液压油仍有相当大的冲击力，只要将泵轮、涡轮和导轮的叶片形状和角度设计得合理，就可以利用该冲击力增大涡轮的输出转矩、提高变矩器的工作效率。

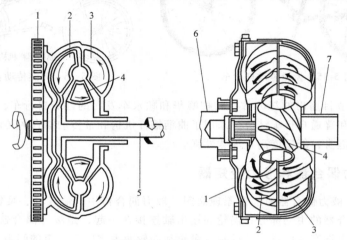

图 5-19　液力变矩器

1—输入轮　2—涡轮　3—泵轮　4—导轮　5—输出轴　6—曲轴　7—导轮固定套

综合式液力变矩器综合利用了液力偶合器和液力变矩器的优点，其结构如图 5-20 所示。它的导轮不是与输出轴固定在一起，而是通过单向超越离合器与固定于变速器壳体的导轮固定套相联系。该单向超越离合器使导轮只可以朝输出轴运行的方向旋转，不能反向旋转。

当涡轮转速较低时，从涡轮流出的液压油从正面冲击导轮叶片，由于单向超越离合器的锁止作用，将导轮锁止，则导轮固定不动，这时该变矩器的工作特性和液力变矩器相同，具有一定的增变作用。当涡轮转速增大到液压油将从反面冲击导轮时，由于单向超越离合器的超越作用，涡轮在液压油的冲击作用下自由旋转，这时变矩器不起增变作用。其工作特性和液力偶合器相同，传动效率较高。因此，这种变矩器既利用了液力变矩器在涡轮转速较低时所具有的增

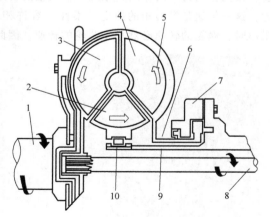

图 5-20　综合式液力变矩器

1—曲轴　2—导轮　3—涡轮　4—泵轮
5—液流　6—变矩器轴套　7—液压泵
8—变矩器输出轴　9—导轮固定套
10—单向超越离合器

变特性，又利用了液力偶合器在涡轮转速较高时所具有的高传动效率的特性。

5.2.4　离合器

联轴器是将轴与轴（或轴与旋转零件）连成一体，使其一同运转并实现转矩的传递。联轴器在运转时两轴不能分离，必须停车后，经过拆卸才能分离。为了实现在运转时两轴能够随时分离与连接，人们设计制造了离合器。

1. 牙嵌离合器

牙嵌离合器如图 5-21 所示，它是利用两个半离合器 1、2 组成，通过啮合的齿来传递转矩。其中半离合器 1 固装在主动轴上，而半离合器 2 则利用导向平键安装在从动轴上，沿轴线移动。工作时利用操纵杆（图中未画出）带动滑环 3，使半离合器 2 做轴向移动，从而实现离合器的接合或分离。牙嵌离合器的齿形有三角形、梯形和锯齿形。三角形齿传递中、小转矩，梯形齿和锯齿形齿传递较大转矩。梯形齿有补偿磨损作用，锯齿形齿只能单向传动。

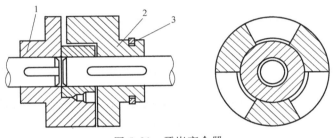

图 5-21　牙嵌离合器
1、2—半离合器　3—滑环

牙嵌离合器结构简单，尺寸小，工作时无滑动，并能传递较大的转矩，故应用较多；其缺点是运转中接合时有冲击和噪声，必须在两轴转速差很小或停车时进行接合或分离。

2. 摩擦离合器

摩擦离合器可分为单盘式、多盘式和圆锥式三类，这里只简单介绍前两种。

（1）单盘式摩擦离合器　如图 5-22 所示，单盘式摩擦离合器由两个半离合器 1、2 组成。工作时两离合器相互压紧，靠接触面间产生的摩擦力来传递转矩，其接触面可以是平面。对于同样大小的压紧力，锥面能传递更大的转矩。半离合器 1 固装在主动轴上，半离合器 2 利用导向平键（或花键）安装在从动轴上，通过操纵杆和滑环 3 使其在轴上移动，从而实现接合和分离。

这种离合器结构简单，但传递的转矩较小。实际生产中常用多盘式摩擦离合器。

（2）多盘式摩擦离合器　如图 5-23 所示，多盘式摩擦离合器由外摩擦片 5、内摩擦片 6 和主动轴套筒 2、从动轴套筒 4 组成。主动轴套筒用平键（或花键）安装在主动轴 1 上，从动轴套筒与从动轴 3 之间为动连接。当操纵杆拨动滑环 7 向左移动时，通过安装在从动轴套筒上的杠杆 8 的作用，使内、外摩擦盘压紧并产生摩擦力，使主、从轴一起转动；当滑环向右移动时，则使两组摩擦片放松，从而主、从轴分离。压紧力的大小可通过从动轴套筒上的调节螺母来控制。

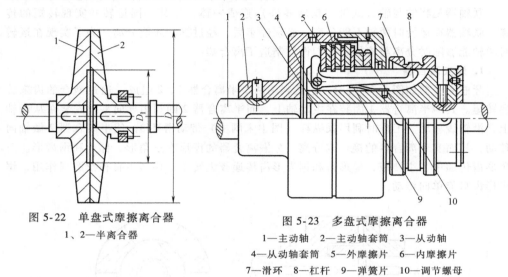

图 5-22　单盘式摩擦离合器

1、2—半离合器

图 5-23　多盘式摩擦离合器

1—主动轴　2—主动轴套筒　3—从动轴

4—从动轴套筒　5—外摩擦片　6—内摩擦片

7—滑环　8—杠杆　9—弹簧片　10—调节螺母

　　多盘式离合器的优点是径向尺寸小而承载能力大，连接平稳，因此适用的载荷范围大，应用较广。其缺点是盘数多，结构复杂，离合动作缓慢，发热、磨损较严重。

　　与牙嵌式离合器比较，摩擦离合器的优点是：①可以在被连接两轴转速相差较大时接合；②接合和分离的过程较平稳，可以用改变摩擦面上压紧力大小的方法调节从动轴的加速过程；③过载时的打滑可避免其他零件损坏。由于上述优点，摩擦离合器应用较广。其缺点是：结构较复杂，成本较高；当产生滑动时，不能保证被连接两轴精确地同步转动。

3. 自动离合器

　　除常用的操纵式离合器外，还有自动式离合器。自动式离合器有控制转矩的安全离合器，有控制旋转方向的定向离合器，有根据转速的变化自动离合的离心式离合器。自动离合器是一种能根据机器运转参数（如转矩、转速或转向）的变化而自动完成接合与分离动作的离合器。我们仅介绍其中的定向离合器。

　　定向离合器只能传递单向转矩，反向时能自动分离。如前所述的锯齿形牙嵌离合器，就是一种定向离合器，它只能单方向传递转矩，反向时会自动分离。这种利用齿的嵌合的定向离合器，空程时（分离状态运转）噪声大，故只宜用于低速场合。在高速情况下，可用摩擦式定向离合器，其中应用较为广泛的是滚柱式定向离合器（见图5-24）。它主要由星轮 1、外圈 2、弹簧顶杆 4 和滚柱 3 组成。弹簧的作用是将滚柱压向星轮的楔形槽内，使滚柱与星轮、外圈相接触。

　　星轮和外圈均可作为主动轮。当星轮为主动件并按图示方向旋转时，滚柱受摩擦力的作用被楔紧在槽内,因而带动外圈一起转动,这时离合器处于接合状态。当星轮反转时,滚柱受到摩擦力的作用,被推到槽中较宽的部分,不再楔紧在槽内,这时离合器处于分离状态。

如果星轮仍按图示方向旋转,而外圈还能从另一条运动链获得与星轮转向相同但转速较大的运动时,按相对运动原理,离合器将处于分离状态。此时星轮和外圈互不相干,各自以不同的转速转动。所以,这种离合器又称为自由行走离合器。又由于它的接合和分离与星轮和外圈之间的转速差有关,因此也称超越离合器。

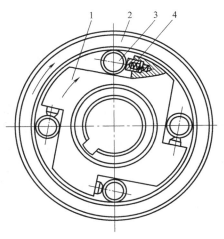

图 5-24 滚柱式定向离合器
1—星轮 2—外圈 3—滚柱 4—弹簧顶杆

在汽车的起动机中,装上这种定向离合器,起动时电动机通过定向离合器的外圈(此时外圈转向与图中所示相反)、滚柱、星轮带动发动机;当发动机发动以后,反过来带动星轮,使其获得与外圈转向相同但转速较大的运动,使离合器处于分离状态,以避免发动机带动起动电动机超速旋转。

定向离合器常用于汽车、拖拉机和机床等设备中。

第6章 造型创新设计

机电产品的造型创新设计是研究机电产品外观造型设计和人机系统工程的一门综合性学科，不仅涉及工程技术、人机工程学、价值工程和可靠性技术，还涉及生理学、心理学、美学和市场营销学等领域，是将先进的科学技术和现代审美观念有机地结合起来，使产品达到科学和美学、技术和艺术、材料和工艺的高度统一，既不是纯工程设计，也不是纯艺术设计，而是将技术与艺术结合为一体的创造性设计活动。

在产品满足同样使用功能的情况下，产品的外观造型创新设计已成为竞争的重要手段之一。产品外观造型的比例、色彩、材质、装饰等都会对使用者产生不同感受，如明朗、愉快、振作、沉闷、压抑、不解等。这些感受就是产品造型所产生的精神功能，它不仅可以满足人们的审美需要，而且也有利于人机系统效益的提高。目前，造型创新设计已引起生产厂家和设计人员的高度重视，成为机电产品开发设计中必不可少的重要组成部分。它要求在满足使用功能的条件下实现艺术造型设计，以满足人的心理、生理上的要求和审美要求，从而达到产品实用、美观、经济的目的。

6.1　造型设计的一般原则

机电产品造型设计是产品的科学性、实用性和艺术性的结合，其设计的三个基本原则是实用、美观、经济。

1. 实用

实用性是产品设计的根本原则，实用是指产品具有先进和完善的物质功能。产品的用途决定产品的物质功能，产品的物质功能又决定产品的形态。产品的功能设计应该体现科学性、先进性、操作的合理性和使用的可靠性，具体包括以下几个方面：

（1）适当的功能范围　功能范围即产品的应用范围。产品过广的功能范围会带来设计的难度、结构的复杂、制造维修困难、实际利用率低以及成本过高等缺点。因此，现代机电产品功能范围的选择原则是既完善又适当。对于同类产品中功能有差异的产品，可设计成系列产品。

（2）优良的工作性能　产品的工作性能（如力学、物理、电气、化学等性能）是指该产品在准确、稳定、牢固、耐久、速度、安全等方面所能达到的程度。产品造型设计必须使外观形式与工作性能相适应，比如性能优良的高精密产品，其外观也要令人感觉贵重、精密和雅致。

（3）科学的使用性能　产品的功能只有通过人的使用才能体现出来。随着现代科技和工业的发展，许多高新产品要求操作高效、精密、准确并可靠，这就给操作者造成了较大的精神和体力负担。因此，设计师必须考虑产品形态对人的生理和心理的影响，操作时的舒适、安全、省力和高效已成为产品结构和造型设计是否科学和合理的标志。

产品功能的发挥不仅取决于产品本身的性能，还取决于使用时产品与操作者能否达到人机间的高度协调，这种研究人机关系的科学称为人机工程学。研究人机工程学的目的是创造出满足人类现代生活和现代生产的最佳条件。因此，产品的结构设计及造型设计必须符合人机工程学的要求，产品的几何尺寸必须符合人体各部分的生理特点，使产品具有科学的使用功能。例如，用于书写记录的台面高度必须适应人体坐姿，以便书写记录时舒适方便；用于显示读数或图像的元器件必须处于人的视野中心或合理的视野范围之内，以便准确而及时地读数、观察。随着生产、科研设备等不断向高速、灵敏、高精度发展，综合生理学、心理学以及人机动作协调等的人机工程学，成为工业设计中不可缺少的组成部分。

2. 美观

美观是指产品的造型美，是产品整体体现出来的全部美感的综合。它主要包括产品的形式美、结构美、工艺美、材质美及产品体现出来的强烈的时代感和浓郁的民族风格等。

造型美与形式美二者不能混淆，否则就会把工业造型设计理解为产品的装潢设计或工艺美术设计。产品的造型美与产品的物质功能和物质技术条件融合在一起，造型设计师的任务就是在实用和经济的原则下，充分运用新材料、新工艺，创造出具有美感的产品形态。形式美是造型美的重要组成部分，是产品视觉形态美的外在属性，也是人们常说的外观美，影响形式美的因素主要由形态构成及色彩构成。材料质地不同，同样会使人产生不同的心理感受，材质美主要体现在材质与产品功能的高度协调上。

美是一个综合、流动、相对的概念，因此产品造型美也就没有统一的绝对标准。人的审美随着时代的前进而变化，随着科学技术、文化水平的提高而发展。因此，造型创新设计无论在产品形态、色彩设计和材料的应用上，都应使产品体现强烈的时代感。

产品造型创新设计需要考虑社会性。性别、年龄、职业、地区、风俗等因素的不同，必然导致审美观的不同，因此，产品的造型要充分考虑上述因素的差异，必须区分社会上各种人群的需要和爱好。机电产品造型创新设计由于涉及民族艺术形式，因此也体现出一定的民族风格。由于各自的政治、经济、地理、宗教、文化、科学及民族气质等因素的不同，每个民族所特有的风格也不同。以汽车为例，德国的轿车线条坚硬、挺拔；美国的轿车豪华、富丽；日本的轿车小巧、严谨。它们都体现出各自的民族风格。

应当指出的是，民族感与时代感必须有机、紧密地统一在一个产品之中。随着科技的进步，产品功能的提高，在现代高科技机电产品中，民族风格被逐渐削弱，如现代飞机、轮船等只是在其装饰方面尚能见到民族风格的体现。

3. 经济

产品的商品性使它与市场、销售和价格有着不可分割的联系，因此造型创新设计对于产品价格有着很大的影响。

新工艺、新材料的不断出现，使产品外观质量与成本的比例关系发生了变化。低档材料通过一定的工艺处理（如金属化、木材化、皮革化等），能具备高档材料的质感、功能和特点，不仅降低了成本，而且提高了外观的形式美。

在造型创新设计中，除了遵循价格规律、努力降低成本外，还可以对部分机电产品按标准化、系列化、通用化的要求进行设计，通过空间的安排、模块的组织、材料的选用，达到紧凑、简洁、精确、合理的目的，用最少的人力、物力、财力和时间求得最大的效益。

经济的概念有其相对性，在造型设计过程中，只要做到物尽其用、工艺合理、避免浪费，应该说就是符合经济原则的。

总之，单纯追求外观的形式美而不惜提高生产成本的产品，或者完全放弃造型的形式美只追求成本低廉的产品，都是无市场竞争力的，也是不受欢迎的。所以，在机电产品造型创新设计中，不论是平面设计还是立体设计，其目的都是力求创造出新的形象，首先需要满足用户需求，其次要求符合人机工程学，然后在满足物质功能和结构特点的前提下实现产品的造型美，并且力求经济。

6.2 实用性与造型

创新设计的对象是产品，而设计的目的是满足人的需要，即设计是为人而设计的，产品创新设计是人需要的产物，所以满足人的需要是第一位的。

机电产品包含着三个基本要素，即物质功能、技术条件及艺术造型。

1）物质功能就是产品的使用功用，是产品赖以生存的根本所在。物质功能对产品的结构和造型起着主导和决定作用。

2）技术条件包括材料、制造技术和手段，是产品得以实现的物质基础，它随着科学技术和工艺水平的不断发展而提高。

3）艺术造型是综合产品的物质功能和技术条件而体现出的精神功能。造型艺术性是为了满足人们对产品的欣赏要求，即产品的精神功能由产品的艺术造型予以体现。

产品的三要素同时存在于一件产品中，它们之间有着相互依存、相互制约和相互渗透的关系。物质功能要依赖于技术条件的保证才能实现，而技术条件不仅要根据物质功能所引导的方向来发展，而且还受产品的经济性所制约。物质功能和技术条件在具体产品中是完全融为一体的。造型艺术尽管存在着少量的、以装饰为目的的内容，但事实上它往往受到物质功能的制约。因为，物质功能直接决定产品的基本构造，而产品的基本构造既给予造型艺术一定的约束，又给造型艺术提供了发挥的可能性。物质技术条件与造型艺术息息相关，因为材料本身的质感、加工工艺水平的高低都直接影响造型的形式美。然而，尽管造型艺术受到产品物质功能和技术条件的制约，造型设计者仍可在同样功能和同等物质技术条件下，以新颖的结构方式和造型手段创造出美观别致的产品外观样式。

总之，产品造型创新首先应保证物质功能最大限度地、顺利地发挥，即其实用性是第一位的。工业造型设计具有科学的实用性，才能体现产品的物质功能；具有艺术化的实用性，才能体现产品的精神功能。某一时代的科学水平与该时代人们的审美观念结合在一起，就反映了产品的某一时代的时尚性。

　　例如，汽车车身的造型创新设计，首要考虑的是保证安全、快速和舒适，绝不能为了形式美使车身造型设计违背空气动力学的准则。机床的形态创新设计，首先所考虑的是保证机床的内在质量和操作者的人身安全，不能只为了追求形态设计的比例美、线型美而降低机床的加工精度及其他技术性能指标。机床色彩所以设计成浅灰色或浅绿色，是考虑操作者心理安宁、思想集中的工作情绪以及足够的视觉分辨能力，以保证加工精度、生产效率和安全操作。绝不能单纯追求色彩的新、艳、美而影响和破坏操作者良好的工作情绪。

　　任何一件产品的功能都是根据人们的各种需要产生的，如需要节省洗衣的时间及体力，才会有洗衣机的出现；因为食物的保鲜需求，才会出现电冰箱。图 6-1 所示为 1983 年出现的由日本东芝制造、黑川雅芝设计的小冰箱，其适合在汽车上使用。

图 6-1　冰箱设计

　　此外，可靠性是衡量产品是否实用及安全的一个重要指标，也是人们信赖和接受产品的基本保障。可靠性包括安全性（即产品在正常情况下及偶然事故中能保持必要的整体稳定）、适用性（即产品正常工作时所具有的良好性能）和耐久性（即产品具有一定的使用寿命）。为此，在产品设计、制造、检验等每一个环节中，充分重视可靠性分析，才能保证人们安全、准确、有效地使用产品。造型创新对功能具有促进作用，若忽视了人们对产品形式的审美要求，将削弱产品物质功能的发挥，使产品滞销，最终被淘汰。

6.3　人机工程与造型

　　人机工程与造型有着密切的联系。人机工程学是一门运用生理学、心理学和其他学科的有关知识，使机器与人相适应，创造舒适而安全的工作条件，从而提高功效的一门科学。随着现代科学技术的发展，要求机械产品实现高速、精密、准确、可靠等功能，因此，设计人员必须考虑产品的形态对人的心理和生理的影响。因为产品的功能只有通过使用才能体现，所以产品功能的发挥不仅取决于产品本身的性能，还取决于产品在使用时与操作者能否达到人机间的高度协调，即是否符合人机工程学的要求。即使是最简单的产品，如果造型创新设计得不好，也会给使用带来不便。对已经成熟的产品，制造商常通过一系列的再设计进行改进和提高，这种产品与旧产品功能相同，但更有效率，使用更方便。

　　机电产品造型创新设计应根据人机工程学数据来进行，人机工程学数据是由人的行为所决定的，即由人体测量及生物力学数据、人机工程学标准与指南、调研所得的资料构成。根据常用的人体测量数据、各部分结构参数、功能尺寸及应用原则等设计人体外形模板和坐姿模板，再根据模板进行产品的造型设计。例如，在汽车、飞机、轮船等交通运输设备设计中，其驾驶室或驾驶舱、驾驶座以及乘客座椅等相关尺寸，都是由人体尺寸及其操作姿势或舒适的坐姿决定的。但是由于相关尺寸非常复杂，人与机的相对位置要求又十分严格，为了使人机系统的设计能更好地符合人的生理要求，常采用人体模板来校核有关驾驶室空间尺寸、方向盘等操作机构的位置、显示仪表的布置等是否符合人体尺寸与规定姿势的要求。人体模板用于轿车驾驶室的设计如图 6-2 所示。

人机工程学的显著特点就是在认真研究人、机、环境三个要素本身特性的基础上，不单纯着眼于个别要素的优良与否，而是将操纵"机"的人和所设计的"机"以及人与"机"所共处的环境作为一个系统来研究。在这个系统中，人、机、环境三个要素之间相互作用、相互依存的关系决定着系统的总体性能。人机系统设计理论就是科学地利用三个要素之间的有机联系来寻求系统的最佳参数，使设计师创造出人—机—环境系统功能最优化的产品。图 6-3 所示为厨房用蒜泥挤压器，其把手的形状及使用方式与人机工程学原理十分符合，体现出它优良的操作性能。

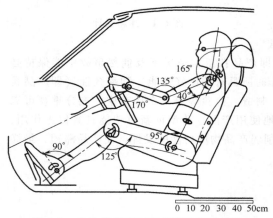

图 6-2 人体模板用于轿车驾驶室的设计

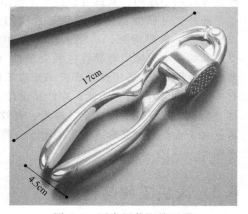

图 6-3 厨房用蒜泥挤压器

按照人机工程学原理对消费性产品的外形设计，是以人为中心的设计（如适合人体姿势、作业姿势的设计），是为特殊用户提供方便的设计，其范例如图 6-4 和图 6-5 所示。图 6-4a 所示机构为改进的电源插头，其设计增加了一对杠杆结构，可方便用户起拔插头；图 6-4b 所示的拐杖是对把手的外形再设计，握持更舒适，方便从地上拾取。图 6-5a 所示为卫生洗手龙头，该产品手柄装在出水口下方，打开水龙头，冲出的水流能自行将手柄冲洗干净，以防止洗净的手在关水龙头时再次被污染；图 6-5b 所示的餐具是为方便老年人与残疾人使用而创新设计的，在其把上设计有手指形状的弯曲，便于使用。

在创新设计某些手持式产品时，要求既能适应强力把握，又能准确控制作用点，也就是说，手动工具需要适合手的形状。它们能够保证手、手腕和手臂以安全、舒适的姿势把握，达到既省力而又不使身体超负荷的目的。因此，手动工具的设计是一件复杂的人机工程学作业。

a)

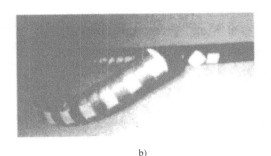

b)

图 6-4　以人为中心的设计

a）改进的电源插头　b）拐杖把手

a)

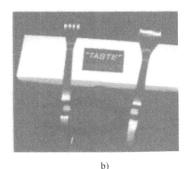

b)

图 6-5　为特殊用户提供方便的设计

a）卫生洗手龙头　b）方便使用的餐具

遵照"便于使用"的原则，设计合理的手柄能让使用者在使用工具（产品）时保持手腕伸直，以避免使腱、腱鞘、神经和血管等组织超负荷。一般来说，曲形手柄可减轻手腕的张紧度。例如，使用普遍的直柄尖嘴钳通常会造成手腕弯曲施力，如图6-6a所示；对其设计进行改进，使尖嘴钳的手柄弯曲代替手腕的弯曲，如图6-6b所示。同样，图6-7所示的园艺修枝手柄的弯曲造型也是比较合理的创新设计实例。

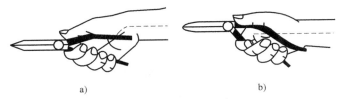

a)　　　　　　　　　　　　　　b)

图 6-6　尖嘴钳的设计

在进行工具手柄创新设计时，可以考虑采用贴合人手的"适宜形式"，而不是使用平直表面，如图6-8a所示，但这适合于为某人定做。需要注意的是，在使用创新设计方法将手柄创新设计成贴合人手的形状时，由于人手的形状差异很大，这样的设计反会使工具变得更不舒服，如图 6-8b 所示，手柄上制出的凹痕或锯齿痕与手指和掌心接触反而更不舒适。

现在，手持式电动工具随处可见，小型的如电锯、电须刀、电动食品搅拌机等，大功率手持式动力工具如链锯和篱笆修剪器等。对于这类手控工具，除了与电动工具相似的主要人机因素外，还要考虑其他的因素，如振动、噪声和安全性等。图 6-9 所示为气动冲击钻，其手柄倾斜角度可避免冲击力作用于手腕，整体设计重心合理，造型均衡，握持轻松。

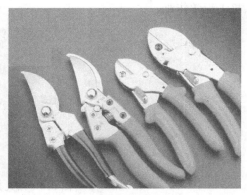

图 6-7　园艺修枝剪手柄的弯曲造型

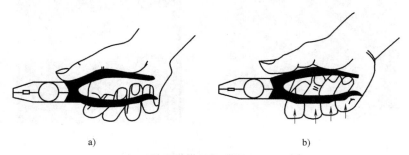

a)　　　　　　　　　　　　b)

图 6-8　贴合人手的"适宜形式"未必舒适

图 6-9　气动冲击钻

人机工程学所包含的内容很多，本章仅介绍了其中的一小部分内容，其他如显示器、控制器的设计以及人机工程详细的设计方法和过程可参考有关人机工程学的资料。

在创新设计时，除了考虑人机工程学外，还要考虑人体工学。所谓人体工学，其本质是使工具在使用时最大限度地契合人体的自然形态，使人在工作时，身体和精神不需要任何主动适应，从而尽量减少使用工具造成的疲劳。在设计中，或多或少都要用到人体工学，有的显山露水，有的隐藏在一些功能之中。

图 6-10 所示的失重椅看起来有些危险，却不仅能保证安全，还很舒服，满足各种不同的功能需求（躺、坐等）。

图 6-11 所示摇椅把瑜伽里的平衡球和椅子结合起来，能让你一边坐着工作，一边做平衡球锻炼，矫正你的不良坐姿，缓解腰酸背痛，让脊椎恢复健康。

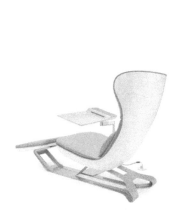

图 6-10　失重椅　　　　　　　　　图 6-11　球椅

图 6-12 所示为一款可以放置膝盖的摇椅，充分的使膝盖放松。

图 6-13 所示的椅子采用"半站半坐"的设计，类似于自行车的座椅，膝盖处的缓冲垫以及双脚的斜面踏板，很好地起到分配体重的作用。各个部件还可以灵活地调整高低前后角度，以确保椅子的舒适度。

图 6-12　摇椅　　　　　　　　图 6-13　半站半坐椅

另一款站着工作的神器如图 6-14 所示，可以在站与坐之间来回切换。

另外，在一些用手操作的产品方面，也需要尽可能多地考虑人体工学，不仅要让造型适合手型，操作更为容易，还要避免疲劳。如图 6-15 所示鼠标、图 6-16 所示起盖器。

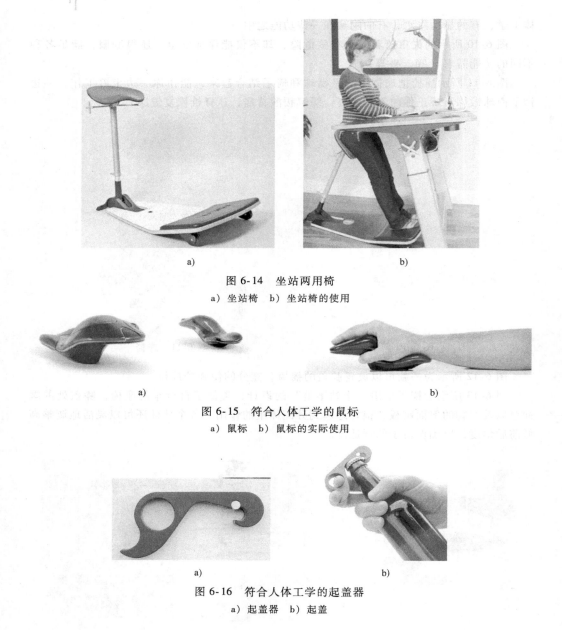

a) b)

图 6-14　坐站两用椅

a）坐站椅　b）坐站椅的使用

a) b)

图 6-15　符合人体工学的鼠标

a）鼠标　b）鼠标的实际使用

a) b)

图 6-16　符合人体工学的起盖器

a）起盖器　b）起盖

6.4　美观与造型

美是客观事物对人心理产生的一种美好的感受，就造型创新设计而言，如果产品具有美的形态，就能吸引消费者的视线，在心理上易于产生美感。在造型创新设计中，应以美学法则为设计的基本理论，但是必须具体情况具体分析，灵活运用，不可生搬硬套，否则很难设计和创造出美的造型。

产品造型不同于艺术造型，它通过不同的材料和工艺手段构成的点、线、面、体、空间、色彩等要素，构成对比、节奏、韵律等形式美，以表现出产品本身的特定内容，使人产生一定的心理感受。但是，产品造型具有物质产品和艺术作品的双重性。作为物质产品，它具有一定的使用价值；作为艺术作品，它具有一定的艺术感染力，使人产生愉快、兴奋、安宁、舒适等感觉，能满足人们的审美需要，表现出精神功能的特征。在造型创新设计时，必须考虑将产品的物质功能与精神功能密切地联系在一起，这一点是机电产品造型创新设计与其他艺术作品区别之所在。因此，工业造型创新设计既不同于工程技术设计，又区别于艺术作品。

例如，在进行产品的比例造型创新设计时，若比例失调，则视觉效果没有美感。比例指造型对象各个部分之间、局部与整体之间的大小、长短关系，也包括某一局部构造本身的长宽高三者之间量的关系。图 6-17 所示为应用黄金分割法进行汽车造型设计的实例，这种汽车造型给人以美感。

产品造型的尺度比例、色调、线型、材质等不仅影响产品物质功能的发挥，而且对于某些产品（如家具、日用品等），造型甚至可以决定这些产品的物质功能。"功能决定形式，形式为功能服务"这一原则，并不是说所有功能相同的产品，都具备相同的形式。在一段时期内，即使功能不变，同类产品的造型也应随着时间的推移而变化，就是在同一时期内，相同功能的产品也会具有不同的造型，以适应人们不断变化和发展的审美要求。任何一种机电产品，不存在既定的造型形式，新设计方法也不能让习惯约束造型形式，只有如此才能创造出新颖多样、具有强烈时代感的创新产品。

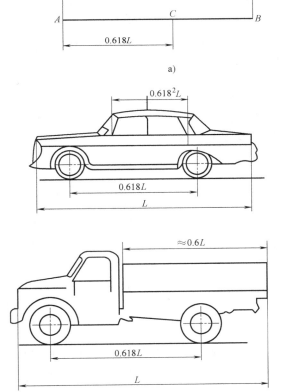

图 6-17　黄金分割及其应用
a) 线段的黄金分割　b) 汽车尺寸的黄金分割

6.4.1　造型与形态

形态是物体的基本特征之一，是产品造型创新设计表现的第一要素。产品形态有原始形态、模仿的自然形态、概括的自然形态和抽象的几何形态等。形态设计主要有模仿设计法和创造设计法。模仿设计法就是通过对已经存在的形态进行概括、提炼、简化或变化而得到产品形态的一种造型方法。根据模仿的对象可以分为自然形态模仿法（如模仿山川河流的形态、动物的形态、植物的形态甚至是微生物的形态）和人工形态模仿法（即把前人或他人创造的某种类型形态用于其他类型产品的形态中）。自然形态模仿法进一步可细分为无生命的自然形态模仿法和有生命的自然形态模仿法，而后者就是人们所说的仿生形态法，将在后面章节中进行阐述。创造设计法就是设计师从产品的特点和需要出发，根据以往的经验，并抓住某一瞬间的灵感而设计出全新的产品形态的一种方法，其主要依据的是形式美原则，如变化与统一、对称与平衡、重复与渐变、尺度与比例等。

产品形态是产品为了实现一定目的所采取的结构或方式，是具备特定功能的实体形态。形态的设计必须注意整体效果，而不能满足于在特定距离、特定角度、特定环境条件下所呈现的单一形状。如茶杯，在满足装水、喝水功能和形态美观的同时，进一步考虑手握方便、便于清洗、合理的摆放等因素，那么创新设计的造型就起到了对功能进行补充和完善的积极作用。也就是说，形态是为功能服务的，它必须体现功能，有助于功能的发挥，而不是对功能进行阻碍。图 6-18a 所示的与众不同的玻璃杯，其形状与人手的握持方式丝丝入扣，令使用者方便、舒适（但需注意的是，底部弯曲部分不易清洗）。又如图 6-18b 所示躺椅的形态及使用方式与人机工程学原理相符。

a)   b)

图 6-18　产品的形态设计

a）方便握持的玻璃杯　b）躺椅的性态设计

机电产品的立体形态大部分是由简单的几何抽象形态或有机抽象形态组成，通常是这两者的结合。几何形态为几何学上的形体，是经过精确计算而做出的精确形体，具有单纯、简洁、庄重、调和、规则等特性。几何形体可分为三种类型：圆形体，包括球体、圆柱体、圆锥体、扁圆球体、扁圆柱体等；方形体，包括正方体、方柱体、长方体、八面体，方锥体、方圆体等；三角形体，包括三角柱体、六角柱体、八角柱体、三角锥体等。图 6-19 所示为几何抽象形态的厨房用具，其形状有圆形、方形等。

有机抽象形态是指有机体所形成的抽象形体（如生物的细胞组织、肥皂泡、鹅卵石的形态等），这些形态通常带有曲线的弧面造型，形态显得饱满、圆润、单纯而又富有力感，如图 6-20 所示水壶的有机抽象形态设计。

图 6-19　厨房用具

图 6-20　水壶的有机抽象形态设计

图 6-21 所示的卧式脚踏车是将几何抽象形态和有机抽象形态相结合的形态设计实例，其形态设计与人机工程学原理十分相符，与普通脚踏车相比，使用更加舒适。图 6-22 所示为锤子手柄的形态设计，其手柄曲面的凸起恰好适合掌心，并能自动引导手掌滑向最适宜的抓握位置。

形态的统一设计有两个主要方法：如图 6-20 所示水壶的有机抽象形态设计，一是用次要部分陪衬主要部分，

图 6-21　卧式脚踏车的形态设计

二是同一产品的各组成部分在形状和细部上保持相互协调。形态的变化与统一，就是将造型物繁复的变化转化为高度的统一，形成简洁的外观。简洁的外观适合现代工业生产的快速、批量、保质的特点，例如图 6-23 所示的冰箱具有简洁的造型。

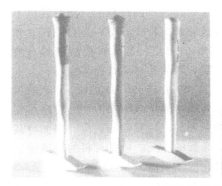

图 6-22　锤子手柄的形态设计

图 6-23　冰箱的简洁造型

在造型设计中，常常利用视错觉来进行形态设计。视错觉矫正就是估计会产生的错觉，借助视错觉改变造型物的实际形状，在视错觉作用下使形态还原，从而保证预期造型效果。利用视错觉就是"将错就错"，借助视错觉来加强造型效果。如双层客车的车

身较高，为了增加稳定感通常涂有水平分割线，利用分割视错觉使车身显得较长；此外，汽车上层采用明亮的大车窗，下层涂成深暗色，更加强了汽车的稳定感。又如图 6-24 所示的电视机外形设计，电视机影屏是四边外凸的矩形，图 6-24a 中机壳四边呈直线，由于变形错视作用，感觉机壳

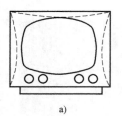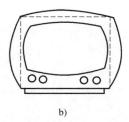

a)　　　　　　　　　b)

图 6-24　电视机外形设计

产生"塌陷现象"；而图 6-24b 中的机壳设计成外凸曲线，转角处以小圆角过渡，那么因变形错视所产生的"塌陷现象"即可得到矫正。

在实际生活中，视错觉现象多种多样，上面的例子只是其中很少的一部分。在产品造型设计中，应注意矫正和利用这种视错觉现象以符合人们的视觉习惯，取得完美的造型创新效果。

6.4.2　造型与材质

产品造型是由材料、结构、工艺等物质技术条件构成的。在造型处理上，一定要体现构成产品材料本身所特有的美学因素，体现材料运用的科学性，发挥材料或涂料的处理、光泽、色彩、触感等方面的艺术表现力，达到造型中形、色、质的统一。因为一件产品是由具体的材料所组成的，只有充分表现出该产品包含的材料质感，才能真实体现出设计方案的主要内容。

在造型过程中，能否合理地运用材料，充分发挥材料的质地美，不仅是现代工业生产中工艺水平高低的体现，而且也是现代审美观念的反映，材质的特征和产品功能应产生恰如其分的统一美和单纯美。质感是物质表面的质地，即粗糙还是光滑，粗犷还是精细，坚硬还是柔软，交错还是条理，下沉还是漂浮等。此外，不同材料的材质特性也不同，如钢材具有深厚、沉着、朴素、冷静、坚硬、挺拔的材质特征；塑料具有致密、光滑、细腻、温润的材质特征；铝质材料具有华贵、轻快的材质特征；有机玻璃具有清澈、通透、发亮的材质特征；木材具有朴实无华、温暖、轻盈的材质特征等。

材料质感的表现往往还与色彩运用互相依存。如本来从心理上认为沉闷、阴暗的黑色，如将其表面处理成皮革纹理，则给人以庄重、亲切感。黑丝绒织物由于其质感厚实和强烈的反光，则显得高雅和庄重。大面积高纯度的色彩易产生较强的刺激，但如将其纹理处理成类似呢绒织物的质地感，则给人以清新、高贵的感受。可见材料的质感能呈现出一种特殊的艺术表现力，在处理产品表面质感时，应慎重而大胆。

产品材料的选择既要考虑美观和装饰工艺，还要考虑材料的加工工艺以及产品的功能。例如，为了增加摩擦，阻止手柄滑出的表面设计，在冲击钻和电钻把手上覆有柔软材料，可吸收操作时的振动。手动工具的设计，当需有外力作用在手柄时，手柄的表面质地应设计成树皮状花纹以防止与手柄的相对滑动。在手柄上运用深沟槽的树形花纹，可加大手与手柄间的摩擦，使手柄把持更紧。

金属压铸的外壳可以达到注塑外壳的造型，又比薄板冲压外壳具有更高的强度和精度，缺点是成本较高，所以一般应用于高端产品创新设计中，如图 6-25 所示手机和笔记本电脑的金属压铸结构。

图 6-25　手机和笔记本电脑的金属合金压铸结构

6.4.3　造型与色彩

机电产品的形式美是由形态、材质、色彩、图案、装潢等多方面因素综合而成的。产品的色彩依附于形态，但是色彩比形态对人更具有吸引力。产品色彩具有先声夺人的艺术效果，有关研究表明，作用于人视觉的首先是色彩，其次是形状，最后才是质感。色彩能使人快速区别不同物体，美化产品，美化环境。色彩的良好设计能使产品的造型更加完美，可提高产品的外观质量和增强产品市场竞争力。同时，色彩设计对人的生理、心理也有影响，色彩宜人，使人精神愉快，情绪稳定，提高功效；反之，使人精神疲劳，心情沉闷、烦躁，分散注意力，降低机电产品的色彩设计与绘画艺术作品的要求不同，前者要受到产品功能要求、材料、加工工艺等因素的限制，因此对产品的色彩设计应该是美观、大方、协调、柔和，既符合产品的功能要求、人机要求，又满足人们的审美要求。

色相、明度、纯度为色彩的三要素，它是鉴别、分析、比较色彩的标准，也是认识和表示色彩的基本依据。显现功能是色彩设计的首要任务，如调和使人宁静，对比使人兴奋，太亮使人疲劳，太暗使人沉闷等。物体色彩形成的主要因素首先是"光"，可以说没有"光"就没有颜色。固有色和阴影也可以说是光源色、环境色所造成的。而单一的色相、明度、纯度只是色的因素，因为在它们之间缺少了重要的一环，即环境色的影响，任何色彩都应是在一定的环境中存在的。如果把色彩形成的几个因素联系起来形成一定的关系，色彩就会立刻变得复杂起来。

（1）固有色　是物体本身所固有的颜色。在正常光线下，固有色支配和决定着该物体的基本色调，比如黄香蕉、红苹果、绿西瓜……在受到光源和环境色彩影响后，仍然呈黄色、红色或绿色；如果在光源及光色个性很强、照射角度及反光的环境影响下，就会大大削弱物体固有色。

（2）环境色 任何一个物体都不能脱离周围环境而孤立存在，色彩同样受周围环境的影响和制约。一般来说，白色反射最强，所以受环境色影响也最大，以下依次是橙、绿、青、紫，而黑色则由于吸收所有光而不反射任何光，所以反射最弱。一切物体的固有色都不是孤立的，不但受到光以及环境色的影响和制约，而且还受环境的反作用。

（3）光源色 光对观察和识别物体是必不可少的，离开了光的作用，固有色就不能够呈现，也就谈不上环境色的作用了。光源越强，环境色反射就越强；物体之间距离越近，环境影响就越明显；物体的质地越光滑，色彩越鲜艳，反映环境的力度就增大，反之则减弱。

另外，环境色对物体暗面与亮面的反映是不同的。亮面反映的主要是光源色，暗面反映的主要是环境色。

产品的色彩创新设计是决定产品能否吸引人、为人所喜爱的一个重要因素。好的色彩设计可以使产品提高档次和竞争力，提高生产的工作效率和安全性，美化人们的生活，满足人们在精神方面的追求。产品色彩效果的好坏关键在配色上，成功的色彩创新设计应把色彩的审美性与产品的实用性紧密结合起来，以取得高度统一的效果。

色彩的选配要与产品本身的功能、使用范围及环境相适合。各种产品都有自身的特性、功效，对色彩的要求也多有不同。产品的色彩设计应遵循单纯、和谐、醒目的原则，在满足产品功能的同时，突出形态的美感，使人产生过目不忘的艺术效果。

产品色彩创新设计应适应消费者的需要。一些功能优异但外形笨拙、色彩陈旧的产品会受到冷落，而那些外观优美又实用的产品却颇受消费者喜爱。如孩子们喜爱的各种儿童玩具，若色调鲜艳、明快，对比强烈且统一协调，小宝宝一见到就会笑逐颜开、爱不释手。在产品色彩的创新设计过程中，还需加强国际间经济、文化的交流，研究大众的审美爱好，充分认识流行色对现代生活的重要影响，及时掌握国际、国内在一定时间、地域的流行色的趋势和走向，使产品通过色彩更新来强化时代意识，刺激消费；使产品的色彩设计能够抓住时代脉搏，突出企业形象，由此加入到国际化的产品市场竞争中，并争得一席之地。

一般产品色彩设计的基本原则：

（1）色彩的功能原则 产品的功能是产品存在的前提，色彩只是一种视觉符号，无法直接表达这种现实的功能。但是色彩也必须表达出主体所要表达的内容，要使色彩符号的语义和产品的功能一致。

（2）色彩的环境原则 产品的设计应充分考虑使用环境对产品色彩的要求，使色彩成为人、产品、环境的保护色。在寒冷的季节使用的产品应选用暖色系，以增强人们心理的温暖感，而在炎热的季节使用的产品应使用冷色系，使人有凉爽平静的心理感受。

（3）色彩的工艺原则 在产品设计中要充分考虑工艺可能对产品色彩产生的影响。

（4）色彩的审美原则 产品色彩的审美原则是创造产品艺术美的重要手段之一，它不仅追求单纯的形式美，更重要的是要与产品的功能性、工艺性、环境和文化等结合起来。

（5）色彩的嗜好原则 色彩的嗜好是人类的一种特定的心理现象，各个国家、民族、地区由于社会政治状况、风俗习惯、宗教信仰、文化教育等因素的不同以及自然环境的影响，人们对各种色彩的爱好和禁忌有所不同。所以，产品色彩设计一定要充分尊重不同地区、不同人群对色彩的好恶特点，投其所好，如手机的不同配色，可以适应市场不同性别人群的需要。

机电产品的色彩创新设计总的要求必须与产品的物质功能、使用场所等各种因素统一起来，在人们的心理中产生统一、协调的感觉。

电视机的外观色彩不能太强烈和太亮，以免在观看电视时引起对视线的干扰；食品加工用的机械设备，则宜以引起清洁卫生感觉的浅色为主；起重设备的色彩则以深色为宜，以产生稳固感。对于一些无法以准确的色彩来意象功能的机电产品（例如以复制、放送音响为功能的录音机，以传递形象和音响为功能的电视机和录像机，代替部分思维活动的计算机），则可用黑、白、灰等含蓄的中性色。黑、白是非彩色，称为极色，具有与任何色彩都能协调的性质，而灰色是黑、白的综合，是典型的归纳色。

如医院里的医疗器械要有调和的色彩，给病人造成安静的气氛；急救用的器械需要醒目，急救时便于发现，如救生简易担架和航空救生背心和自动充气救生筏均为醒目的黄色；高速运行的物体要求色彩有强烈的对比，使之明显夺目，提醒人们注意安全。

任何色彩都是与一定的形态相联系的，在我国传统的古建筑设计中，设计师将受光的屋顶部分盖上暖色的黄色琉璃瓦，而背光的屋檐部分绘着冷色的蓝绿色彩画和斗拱，这些都是为了增强建筑的立体感和空间效果。

产品的局部形态可以通过色彩来进行强化，对形态单一的产品可以通过色彩来改变视觉效果，而对形态复杂的产品也可以通过色彩归纳来调和视觉感受，对需要突出的形态通过色彩的对比来表达，对产品形态不同的功能区域运用色彩来划分。

流行色在产品创新设计中的作用也是不可忽视的，如德国大众的经典车型甲壳虫，其独特的造型配合各式生动鲜活的色彩设计，使其成为吸引人视线的一道亮丽的风景。

6.5 安全性与造型设计

在造型创新设计时需要考虑产品使用的安全性，不恰当的操作姿势经常容易引起伤害事故。安全防护是通过采用安全装置或防护装置对一些危险进行预防的安全技术措施。安全装置与防护装置的区别：安全装置是通过其自身的结构功能限制或防止机器的某些危险运动，或限制其运动速度、压力等危险因素，以防止危险的产生或减小风险；防护装置是通过物体障碍方式防止人或人体部分进入危险区。究竟采用安全装置还是采用防护装置，或者二者并用，设计者要根据具体情况而定。

6.5.1 安全装置

安全装置是消除或减小风险的装置。它可以是单一的安全装置，也可以是和连锁装置联用的装置。常用的安全装置有连锁装置、自动停机装置、机器抑制装置等。

1. 联锁装置

当作业者要进入电源、动力源等危险区时，必须确保先断开电源，以保证安全，这时可以运用联锁装置。图6-26a所示机器的开关与门是互锁的。作业者打开门时，电源自动切断；当门关上后，电源才能接通。为了便于观察，门用钢化玻璃或透明塑料做成，无需经常进去检查内部工作情况。

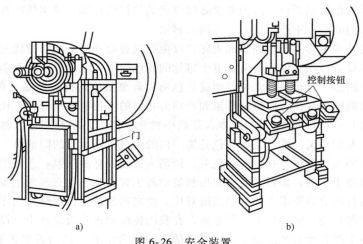

a)   b)

图6-26 安全装置

a）联锁门 b）双手控制按钮

2. 自动停机装置

自动停机装置是指当人身体的某一部分超越安全限度时，使机器或其零部件停止运行或激发其他安全措施装置，如触发线、可伸缩探头、压敏杠、压敏垫、光电传感装置、电容装置等。图6-27a所示为一机械式（距离杆）自动停机装置应用实例，图

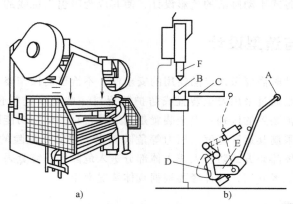

a)   b)

图6-27 机械式自动停机装置

a）应用实例 b）工作原理

6-27b是其工作原理图，当人身体超过安全位置时，推动距离杆到图中虚线位置，通过构件 c 触动安全装置，从而使机器停止运动。

3. 机械抑制装置

机械抑制装置是在机器中设置的机械障碍物，如楔、支柱、撑杆、止转棒等，依靠这些障碍物防止某些危险运动。图 6-28 是一模具设计实例。在合模处，开口的设计宽度小于 5mm，这样作业者身体的任何部位都不会进入危险区域。

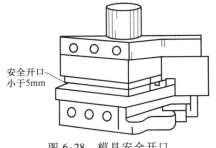

图 6-28 模具安全开口

对于需要合口的设备，在设计时应尽量将合口的宽度减小，可以消除危险隐患。对于工作剪一类的双把手工具，为了避免合剪时把手的内侧夹伤手指，可以在两侧内表面分别设计一小凸台，这样合剪时，凸台首先接触，而其他部位留出空间，所以也是一种安全设计。

其他安全装置还有很多，如利用感应控制安全距离，保护作业者免受意外伤害；利用有限运动装置允许机器零部件只在有限的行程内动作，如限位开关和应急制动开关等。其他如熔断器、限压阀等也是常采用的安全装置。

6.5.2 防护装置

防护装置也是机器的一个构成部分，这一部分的功能是以物体障碍方式提供安全防护的，如机壳、罩、屏、门、盖及其他封闭式装置等。防护装置可以单独使用，也可以与图 6-28 所示模具安全开口联锁装置联合使用。当单独使用时，只有将其关闭时，才能起防护作用；当其与连锁装置联合使用时，无论在任何位置都能起到防护作用。

图 6-29 所示为护罩可调式碟形电锯设计。电锯座板上方的护罩是固定的，下方是活动可调的，由于弹簧机构的作用，当电锯不工作时，护罩全封闭，以免锯齿伤人；当电锯工作时，活动罩回缩，与工件一起成为一封闭式"保护罩"。因此，在任何时候，都不容易产生危险。

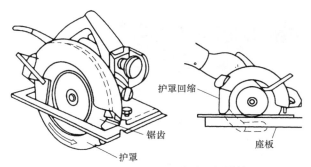

图 6-29 护罩可调式碟形电锯设计

6.6 现代风格与仿生造型设计

现代产品创新设计在更深意义上是一种广义文化的具体表现。一个成功的设计师必须具有深厚的文化底蕴，才能运用专业知识创新设计出具有高品位与现代风格的产品。

图 6-30 为上海大众设计的 NEEZA（哪吒）概念车，该车为首款具有国际水平的本土开发概念车，NEEZA 以中国传统神话人物哪吒为灵感源泉，将最新汽车科技成果与中国传统文化元素巧妙地融合为一体，是上海大众未来车型的设计前瞻，也是大众汽车造型语言的亚洲阐述。

全车浓郁的民族特色无疑是 NEEZA 最为显著的一大亮点。整车以"中国红"为主色，前大灯设计灵感源于哪吒炯炯有神的双眼，按中国人特有的凤眼设计，并组合了远光灯、近光灯、转向灯等诸多功能；牌照板采用中国传统牌匾造型，配以毛笔书写的活泼英文字体，新颖夺目；车顶镀铬饰条则体现了中国古代房檐顶端外加装饰物的传统造型特征；兼顾速度与霸气的轮毂设计，其灵感源于哪吒的武器——火尖枪；而其轮胎胎纹设计则源于哪吒的法器——风火轮，是设计师综合了中国传统的火焰图案与世界先进的赛车轮胎胎纹而取得的最新成果。全车强烈的东西方文化交融感与凌厉的跑车弧线、宽敞的旅行车空间相得益彰，恰似一辆来自未来的红色战车。

与此同时，这款车还对大众品牌的既有风格做了大胆突破，在领驭和劲取上已为人熟悉的大 U 形前脸演变为双 U 翼形造型，而传统的 3 辐条格栅也创新为 2 辐条中国传统窗格图案的运动型格栅，截面更加饱满，野性又不失现代。

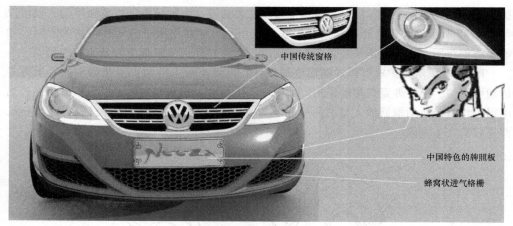

中国传统窗格

中国特色的牌照板

蜂窝状进气格栅

图 6-30 NEEZA（哪吒）概念车

陕西科技大学的曾俊源在设计 24 英尺的小型休闲快艇时，选择了体型较小，行动敏捷、活泼可爱的短吻真海豚为原型。

短吻真海豚身体细而呈流线形，应用到游艇造型设计中不仅外形美观，在视觉上给人速度感和运动感，而且可以减少空气和水流阻力；真海豚的体色十分复杂而独特，背面黑色向下延伸，有白色胸斑，因此将游艇的船壳外观色也选用黑白两大主色，但因游艇水线下部处于水面以下，常被海水浸泡、冲刷，易脏易腐蚀，最终应用棕色、黑色等深色防腐涂料，所以将真海豚背部黑色运用到游艇上层建筑以下的颜色；真海豚头前额喙平缓向倾斜，喙细长，相对较短，将真海豚这一特点运用到游艇船艏的观光甲板设计中；真海豚背鳍的形态可以借用到游艇上层驾驶台的挡风玻璃设计上，这一特征不仅可用来设计成实实在在的游艇结构，还可以用到表面装饰图案上来；真海豚头小身体大，这正符合游艇艇身结构特征，游艇船艏比较尖，利于减少阻力，游艇船身体量大，是整个游艇的核心部位，驾驶室、机舱、休息室的一部分都位于游艇中部。考虑所有这些因素，设计的游艇如图 6-31 所示。

a) b)

图 6-31　仿短吻真海豚的游艇

a）短吻真海豚　b）720 型休闲游艇

图 6-32 是一款仿生概念电动自行车，其结构与自行车结构相似，车把中间安装了数字显示屏，车身外壳避免了在雨雪天气骑行的不便，车门结构可拆卸，既节约空间又

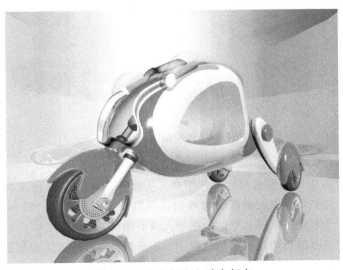

图 6-32　仿生概念电动自行车

能让用户尽情享受阳光；车体顶棚的太阳能蓄电板可为车体提供足够的能源，既节能环保又具有良好的持续骑行功能；整个外观造型时尚，大方，富有动感，满足现代人追求个性的消费心理。

图 6-33 所示为时尚鼠标的现代风格设计，颇受年轻人喜爱，体现出设计师的专业知识和文化底蕴。

图 6-33 时尚鼠标

仿生造型是在产品设计中运用仿生学的原理、方法与手段进行形态设计，动、植物局部造型是最常见的设计手法之一，与采用几何造型特征的设计方法相比，要求设计者有敏锐的特征捕捉能力，有高度的概括和变形能力，并具有用图案方式表现其美感的能力。图 6-34 所示为胸针和汽车的仿生设计。

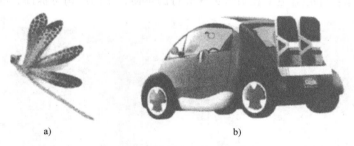

a)   b)

图 6-34 仿生造型设计实例
a）首饰（胸针） b）汽车的甲壳虫造型

人们日常生活中的用具造型也经常用到仿生设计，如图 6-35 所示仿大黄蜂特点的机器人及闹钟，他们都具有大黄蜂标志般的黄黑色及炫酷的造型。图 6-36 是仿动物的小音箱设计，样子可爱、手捧礼物的小鹿令人身心愉悦。

最后还要注意在进行仿生造型的过程中，不只是将设计师的主观创造力体现在设计中，更要考虑各国民族风情、政治实况、人文文化等因素。

a)

b)

图 6-35　仿大黄蜂的造型设计

a）机器人　b）闹钟

图 6-36　麋鹿形蓝牙音箱

第 7 章 反求创新设计

7.1 概述

反求设计是以先进技术或产品的实物/软件（图纸、程序、技术文件等）、影像（照片、广告图片等）作为研究对象，应用现代设计理论方法学、生产工程学、材料学、设计经验、创新思维等和有关专业知识进行系统深入的分析与探索，并掌握其关键技术，进而开发出先进产品。运用反求技术，可以缩短产品开发的时间，提高新产品开发的功率，是创新设计的一种有效方法。

7.1.1 反求问题的提出

实际上，任何新产品的问世都蕴含着对已有科学、技术的继承和借鉴。反求思维的方法在工程上的应用已经源远流长。只是作为反求设计或反求工程的技术术语提出来，以及作为一门学问进行专门研究，则是在 20 世纪中期。

日本当时作为二战的战败国，在经济上饱受战争影响，急于恢复与发展，他们提出的口号是："一代引进，二代国产化，三代进口，四代占领国际市场"。三洋电机开发洗衣机的过程就是一个很好的实例。1952 年夏天，三洋电机当时的社长井植岁男看到了洗衣机市场存在巨大的潜力，决定开始研制洗衣机。他们购买了各种不同品牌的洗衣机，并将其送至各干部的家中，公司也放满了各式各样的洗衣机。让员工反复研究琢磨、试验、对比和分析，充分总结和剖析各类洗衣机的优缺点、安全性能、方便程度以及价格水平等，找出了一种比较满意的方案，试制了一台样机。正准备投入市场时，他们又发现了英国胡佛公司最新推出的涡轮喷流式洗衣机，这种涡轮喷流式洗衣机的性能比原先的搅拌洗衣机有了很大的提高。三洋公司的管理者深深懂得，开发后的产品，如果在性能上没有明显优于已经上市的同类产品，那么不仅应当预计到在今后的竞争中必然遭受失败的后果，甚至一开始就应当考虑是否投产的问题。于是三洋公司果断地放弃了已投入了几千万元研制出的即将上市的洗衣机，开始对胡佛公司的涡轮喷流式洗衣机进行全面解剖和改进。于 1953 年春研制出日本第一台喷流式洗衣机。这种性能优异、价格只及传统搅拌式洗衣机一半的新产品，一上市便引起轰动，不仅带来巨大的经济效益，而且使三洋洗衣机在行业站稳了脚跟。

为了实现国产化的改进，为了最终占领国际市场，就迫切需要对别国产品进行消化、吸收、改进和挖潜。这也形成了反求设计或反求工程的发展机制。成功地运用反求工程，节约了 65% 的研究时间，90% 的研究经费。到 20 世纪 70 年代，日本的工业已经达到欧美发达国家水平。我国也不乏反求的例子，最典型、最成功的反求工程就算是海尔了，它一开始借鉴德国的海尔技术管理模式，又在其基础上进行继承与创新，现在已经成为世界知名品牌。

因为研究和应用反求设计或反求工程可以有效回避研究开发探索的风险，实现在高起点去创新产品，因此重视和研究反求工程的国家很多。我国作为一个发展中国家，科技水平相对落后，投入大量资金去研究发达国家已经推向市场的产品是完全没有必要的，这不仅是资金浪费的问题，也会拖延发展经济的时间或机会。因此深入研究反求设计或反求工程，在不断引进新产品、新技术的基础上开发自己的产品，最终推向国际市场是很有必要的。

大部分人都把反求工程和盗版混为一谈，认为反求实质上就是窃取，这样理解的话就是大错而特错。反求之所以会上升到工程的概念，就是因为它"是以设计方法学为指导，以现代设计理论、方法、技术为基础，运用各种专业人员的工程设计经验、知识和创新思维，对已有新产品进行剖析、深化和再创造，是已有设计的设计"。它含有改进人员的再创造，在法律和道德的角度上讲都是无可厚非的。当然，在反求过程中一定要在科技道德和法律制约下进行，遵守有关法律（如专利法、知识产权法、商标法等）。应该强调，作为一个国家、民族，为发展科技和振兴经济，不能全靠反求来生存，独创性永远是主旋律或主题。

7.1.2 反求设计的含义

人们通常所指的设计是正设计，是由未知到已知的过程，由想象到现实的过程，这一过程可用图 7-1 来描述。当然这一过程也需要运用类比、移植等创新技法，但产品的概念是新颖的、独创的。

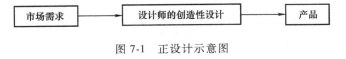

图 7-1 正设计示意图

反求设计则不然，虽然为反设计，但绝不是正设计的简单逆过程。因为针对的是别人的已知和现实的产品，而不是自己的，所以也不是全知的。是一个虽然知其然，但不知其所以然的问题。因为一个先进的、成熟的产品凝聚着原创者长时间的思考与实践、研究与探索，要理解、吃透原创者的技术与思想，在某种程度上比自己创造难度还要大。因此反求设计绝不是简单仿造的意思，是需要进行专门分析与研究的问题。其含义可以用图 7-2 所示框图描述。

图 7-2 反求设计示意图

7.2 反求设计的内容与过程

从工程技术角度看，根据反求对象的不同，反求设计可分为实物反求、软件反求和影像反求三类。

1. 实物反求

顾名思义，它是在已有实物条件下，通过试验、测绘和详细分析，再创造出新产品的过程。实物反求包括功能、性能、方案、结构、材质、精度、使用规范等众多方面的反求。实物反求的对象可以是整机、部件组件和零件。通常实物反求的对象大多是比较先进的设备、产品，包括从国外引进的和国内的先进产品。实物反求应用于技术引进的硬件模式中，是以扩大生产能力为主要目的，在此基础之上，开发创新的新产品。

实物反求设计有如下特点：①具有形象直观的实物；②可对产品的性能、功能、材料等直接进行测试分析，获得详细的产品技术资料；③可对产品各组成部分的尺寸直接进行测试分析，获得产品的尺寸参数；④起点高，缩短了产品的开发周期；⑤实物样品与新产品之间有可比性，有利于提高新产品开发的质量。实物反求设计一般要经历如图7-3 所示的过程。

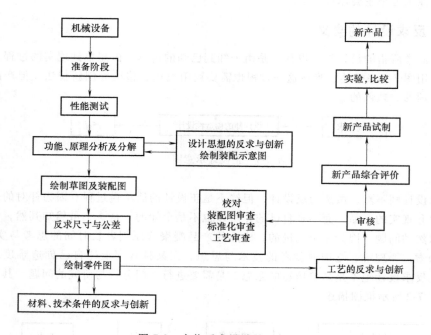

图 7-3　实物反求设计的一般过程

由上述分析可以看出，实物反求设计的创新性可以体现在产品设计中的许多方面，设计思想、方案选择、零部件结构设计、尺寸公差设计、材料选择、工艺设计等都有设计师发挥创造的空间。

（1）设计思想反求分析与创新　了解产品设计的指导思想是反求设计的重要前提。不同时期的产品在设计指导思想方面是不同的，并与社会的发展及科技发展水平密切相关。

比如，在早期人们往往是从完善功能、扩展功能、降低成本方面开发产品，但随着社会的发展、人民生活水平的提高，在保证功能的前提下，产品的精美造型、工作生活的舒适性等方面上升为主要矛盾：冰箱要求能美化人们家居生活或能满足人们的健康需求，计算机键盘、鼠标必须使操作人员手位舒适，汽车座椅设计能够缓解驾驶员的疲劳等。

又比如，为贯彻可持续发展战略，满足人们对产品的节能、保护环境等方面的要求，工程师们提出了绿色设计的指导思想，即从产品的设计、加工、装配、使用、报废整个生命周期充分考虑产品的环境属性（可回收性、可拆卸性、可维修性、重复利用性等），防止影响环境的噪声或废弃物产生，使零件或材料在产品达到寿命周期时以最高附加值回收并重复利用。从绿色设计的指导思想出发，许多产品在选择材料时注意选择无毒、无污染、废弃物排放量小的材料（避免含铅、镍、汞等），IBM 计算机中所有塑料制品都采用同样的材料，减少材料种类，并压有识别标志，便于回收；用精模压铸保持表面精度；采用弹性连接结构替代金属铰链，因此，材料和零件成本大大降低。无氟冰箱、无烟抽油烟机也是应健康、环保要求而生。

在另外一些场合，降低噪声变得非常重要，成了产品设计中的主要矛盾。比如，家庭用空调，降低噪声始终都是人们的追求；又比如某公司开发的低噪声电动机，其中消噪器在机壳内测定并产生音频，与电动机产生的噪声相位差 180° 而将其部分抵消，可减小约 50% 的噪声，它用于炉灶排风扇上，提高效率 37%，噪声下降 15dB。

（2）原理方案反求分析与创新　产品是针对其功能要求进行设计的，而实现相同功能的原理方案是多种多样的。了解现有原理方案的工作原理和机构组成，探索其构思过程和特点，通过反求，设计变异出更多能实现同样功能新的原理解法，在此基础上进行优化，以获得性能更好的产品。

例如图 7-4 所示的无发动机惯性玩具汽车，除用飞轮（惯性轮）存储动力外，还利用惯性原理使汽车在遇到障碍物时反向行驶。通过原理方案分析可以知道该汽车中的飞轮及小齿轮所在轴沿轴向可以滑动，当汽车遇到障碍物后，由于惯性作用，滑移小齿轮前冲，从图 7-4a 所示位置达到图 7-4b 所示位置，小齿轮与冠轮另一侧相啮合，使车轮反向倒行。

又例如对图 7-5 所示的油田抽油机机构做反求设计。由图可知 ABCD 为一曲柄摇杆机构，当曲柄 1 逆时针转动时，游梁 3 顺时针绕 D 点摆动，驴头 4 带动抽油杆 5 上升，完成抽油动作。在抽油过程中，曲柄要克服抽油阻力和抽油杆的重量做功，连杆 2 承受拉力。当曲柄逆时针转过某角度后，游梁 3 逆时针绕 D 点摆动，抽油杆做回程运动，在该过程中，抽油杆 5 的重量带动驴头 4 下摆，此时驴头和抽油杆的重量为驱动力，二者受力不变，连杆 2 仍然承受拉力。既然连杆在一个运动循环中都受拉力，如果用柔性构

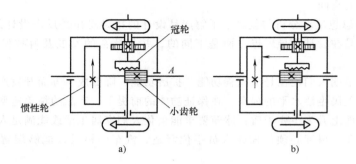

图 7-4 惯性玩具汽车

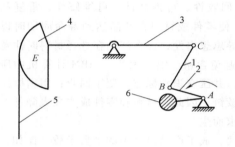

图 7-5 油田抽油机机构

1—曲柄 2—连杆 3—游梁 4—驴头

5—抽油杆 6—平衡配重

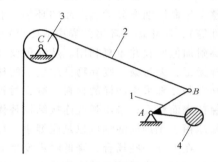

图 7-6 无游梁抽油机机构

1—曲柄 2—钢索 3—滑轮 4—平衡配重

件代替原来的刚性构件，取消游梁和驴头，则可以创新设计出如图 7-6 所示的采用线索滑轮式的无游梁抽油机机构。无游梁抽油机结构进一步简化，能耗降低，效率得到了提高。

（3）零部件的反求分析与创新 结构设计不仅仅是原理方案的具体化过程，还必须要考虑许多细节。除了要考虑提高产品性能（提高强度、刚度、精度、寿命，减少磨损，降低噪声等），还要考虑工艺、装配、美观、成本、安全、环保等诸多方面的要求和限制。不同的反求对象，零、部件尺寸分析方法有所不同。对于实物或图样，可以测量分析零部件形体尺寸；对于照片、图像，可通过透视法求得尺寸之间的比例，再按参照物确定各尺寸。对于具有复杂曲线曲面的零件，则要采用一些先进的测绘手段及测绘仪器（比如三坐标测量机）方可实现反求测绘。

精度是衡量反求对象性能的重要指标之一，也直接影响产品的成本。零件尺寸易于获得，但尺寸精度却难以确定，这也是反求设计中的难点之一。合理分析设计零件精度及其分配关系，对提高产品的装配精度、力学性能，降低产品成本至关重要。

比如尺寸和公差反求。在确定公称尺寸时，首先判断尺寸的配合是基孔制配合还是基轴制配合。对于基孔制配合，孔的上偏差为正值，下偏差为零（见图 7-7a）；对于基轴制配合，轴的上偏差为零，下偏差为负值（见图 7-7b），假设实测尺寸为公称尺寸与公差中值之和，则孔或轴的公称尺寸应满足下面不等式：

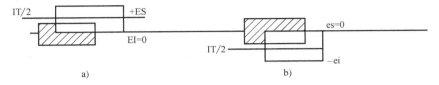

图 7-7　配合基制

a）基孔制配合　b）基轴制配合

基孔制：

孔的公称尺寸<孔的实测尺寸

轴的公称尺寸<孔的实测尺寸

孔的实测值-公称尺寸<1/2IT 孔公差（IT11 级）

基轴制：

轴的公称尺寸>轴的实测尺寸

孔的公称尺寸>轴的实测尺寸

轴的实测值-公称尺寸<1/2IT 轴公差（IT11 级）

公称尺寸可以根据实测尺寸，按照国际数字修约规则"四舍六入五单双"的原则圆整取得，即：逢四以下数据则舍，逢六以上数据则进，逢五保证偶数的原则实测数据定舍进。例如有一实测数据 73.52mm，采用基孔制，则公称尺寸为 73mm，而另一实测数据为 73.55mm，则公称尺寸应为 73.6mm；如果实测数据为 73.45mm；则公称尺寸为 73.4mm。

在确定公称尺寸之后，求得与实测尺寸的差值，并由该差值查阅公差表。根据公称尺寸，选择配合精度，按差值小于或等于所对应公差的一半的原则，最后确定公差的精度等级和对应的公差值。

在参照国家标准确定几何公差时，要注意以下原则：

1）确定同一要素上的几何公差时，形状公差值应小于位置公差值，比如要求两平面平行时，其平面度公差值要小于平行度公差值。

2）圆柱类零件的形状公差值在一般情况下应小于其尺寸公差值。

3）几何公差值与尺寸公差值相适应。

4）几何公差值与表面粗糙度相适应。

5）在选择几何公差值时，要考虑到加工方法。

零件表面粗糙度可以用粗糙度仪较准确地测量出来，再根据零件功能、测量值、加工方法，参照国家标准，选择合理的表面粗糙度。

（4）零件材料的反求分析与创新　机械零件材料及热处理方法的选择将直接影响零件的强度、刚度、寿命、可靠性等性能指标，因此在一些产品中材料及热处理方式的选择显得非常重要，并可能成为该产品的关键技术。

一般采用表面观测、化学分析、金相检验等方式确定材料的化学成分、组织结构和表面处理情况，并通过物理试验测定材料的各种物理性能和主要的力学性能，确定材料牌号及热处理方式。有时需通过材料分析进行材料代用，代用的原则是首先满足力学、物理性能，其次满足化学成分的要求，并参照其他同类产品，确定代用材料的牌号及技术条件。

材料反求分析包括材料成分反求分析、材料组织结构反求分析、材料硬度反求分析。

零件材料的化学成分可以通过以下方法确定：①火花鉴别法，根据材料与砂轮磨削后产生的火花判别材料的成分；②音质判别法，根据敲击材料声音的清脆不同，判别材料的成分；③原子发射光谱分析法，通过几至几十毫克的粉末对材料成分进行定量分析；④红外光谱分析法，多用于橡胶、塑料等非金属材料的成分分析；⑤化学成分分析法，用于定量分析金属材料成分；⑥微探针分析法，材料表面成分的分析方法，利用电子探针、离子探针等仪器对材料的表面进行定性分析或定量分析。

材料的组织结构分析包括材料的宏观组织结构分析和微观组织结构分析。

可用放大镜观察材料的晶粒大小、淬火硬层的分布、缩孔缺陷等宏观组织结构；利用显微镜观察材料的微观组织结构。

材料的硬度分析一般是通过硬度计测定材料的表面硬度，然后根据硬度或表面处理的厚度判别材料的表面处理方法。

例如，在 1983 年，中原油田从美国引进英格索兰公司的注水泵，用于高压注水。使用中发现，材料为 42CrMo 的泵头在水压大于 36MPa 工作时寿命急剧下降，发生开裂失效。经分析是由于油田污水腐蚀引起裂纹所致。于是从强度、耐腐蚀性和韧性三方面综合考虑，用耐腐蚀、高强度的低碳马氏体不锈钢作为泵体材料，解决了高压注水泵的关键问题。

（5）工艺反求分析与创新　许多先进设备的关键技术是先进的工艺，因此分析产品的加工过程和关键工艺十分必要。在工艺反求分析的基础上，结合企业的实际制造工艺水平，改进工艺方案，或选择合理工艺参数，确定新的产品制造工艺方法。

比如，戴纳卡斯特公司生产的电气元件接线盒中，大批电缆支架所用的锌镁合金螺母顶部有宽缝，只有局部螺纹。为抵抗螺钉使支架螺孔两侧分开的力，螺母外部为方形，放在模压的塑料外壳中。经过分析发现，之所以设计这种特别的结构是因为采用压铸工艺制造内螺纹孔（见图 7-8）。压铸工艺 1min 可以生产 100 个零件，精度达 30μm，模具寿命 100 万次，大大提高了效率，降低了成本。

（6）其他方面内容的反求与创新

1）外观造型反求分析与创新。在市场经济条件下，产品的外观造型在商品竞争中起着重要的作用。在对产品外观造型分析时，应从产品的美学原则、用户的需求心理及商品价值等角度来分析。比如，美学原理包括合理的尺度、比例，造型上的对称与均衡、稳定与轻巧、统一与变化、节奏与韵律等。此外，色彩也能美化产品并引起感情效果。对有关产品色调的选择与配色、色彩的对比与调和等方面做相应分析，有利于了解它的设计风格。

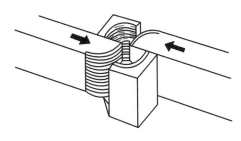

图 7-8　压铸内螺纹孔

2）工作性能反求分析与创新。运用各种测试手段，仔细分析产品的运动特性、动力特性、工作特性等，掌握原产品的设计方法和设计规范，并提出改进措施。

比如，某机床厂与法国 Vemier 公司合作，开发生产 DB420 型工作台不升降铣键床。在测试了原铣键床的部件几何精度、机床静刚度、主传动效率、主轴部件热变形、温升，并进行切削振动、激振、噪声等试验之后，抓住了刚度和热变形的主要矛盾。主要矛盾的解决，使新产品工作性能得到了很大改善。

对产品的管理、使用、维护、包装技术等的分析也很重要。管理的好坏直接影响产品效能的发挥。

比如，分析了解重要零部件及易损零部件就有助于产品的维修、改进设计和创新设计。

2. 软件反求

产品样本、产品标准、设计说明书、使用说明书、产品图样、操作与管理规范和质量保证手册等技术资料文件均称为技术软件。依据这些技术软件设计新产品的过程，称为软件反求。与实物反求相比，软件反求应用于技术引进的软件模式中，以增强国家"创新能力"为目的，具有更高层次。

通过软件反求一般可知产品的功能、原理方案和结构组成，若有产品图样则还可以详细了解零件的材料、尺寸、精度。

软件反求设计具有以下特点：

1）抽象性技术软件不是实物，只是一些抽象的文字、公式、数据、图样等，需要发挥人们的想象力。因此，软件反求是一个处理抽象信息的过程。

2）科学性软件反求要求人们从各种技术信息中，去伪存真，从低级到高级，逐步探索、反求出设计对象的技术奥秘，获取可为我所用的技术信息。

3）技术性软件反求大部分工作是一个分析、计算的逻辑思维过程，也是一个从抽象思维到形象思维的、不断反复的过程，因此，软件反求具有高度的技术性。

4）创造性软件反求还是一个创造、创新的过程。软件反求设计应充分发挥人的创造性及集体的智慧，大胆开发，大胆创新。

软件反求的一般过程：①必要性论证，包括对引进对象做市场调研及技术先进性、可操作性论证等；②软件反求成功的可能性论证，并非所有技术软件都能反求成功；③原理、方案、技术条件反求设计；④零、部件结构、工艺反求设计；⑤产品的使用、维护、管理反求；⑥产品综合性能测定及评价。

比如在 20 世纪 80 年代初，我国从西方国家引进振动压路机技术资料。根据技术资料制造生产出仿造机之后，发现仿造机的非振动部件和驾驶室的振动过大，操作条件差。在对振动压路机技术资料及仿造机做反求分析之后，发现引进的振动压路机技术是利用垂直振动实现压紧路面的（见图 7-9a），在实际应用中由垂直振动带来的负面影响难以消除。因此，工程设计人员就提出了用水平振动代替垂直振动，创新设计出如图 7-9b 所示的新型振动压路机。新型的水平振动压路机不仅防止了垂直振动引起的负面影响，而且滚轮不脱离地面，静载荷得到了充分的利用，能量集中在压实层上，使路面能被均匀压实。

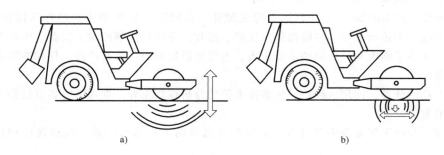

a)   b)

图 7-9 振动压路机

3. 影像反求

既无实物，又无技术软件，仅有产品照片、图片、广告介绍、参观印象和影视画面等，设计信息最少，基于这些信息来构思、想象开发新产品，称为影像反求，这是反求对象中难度最大并最赋有创新性的反求设计。影像反求本身就是创新过程。

影像反求目前还未形成成熟的技术，一般要利用透视变换和透视投影，形成不同透视图，从外形、尺寸、比例和专业知识，去琢磨其功能和性能，进而分析其内部可能的结构，并要求设计者具有较丰富的设计实践经验。在进行影像反求时，可从下面一些方面来考虑：

1）可从影像资料获得一些新产品设计概念，并进行创新设计。某研究所从国外一些给水设备的照片，看到喷灌给水的前景，并受照片上有关产品的启发，开发出一种经济实用、性能良好的喷灌给水栓系列产品。

2）结合影像信息，可根据产品的工作要求分析其功能和原理方案。如从执行系统的动作和原动机情况分析传动系统的功能和组成机构。国外某杂志介绍一种结构小巧的"省力扳手"增力十几倍，这种扳手适用于妇女、少年给汽车换胎、拧螺母。根据其照片输出输入轴同轴及圆盘形外廓，分析它采用了行星轮系，以大传动比减速增矩。在此基础上设计的省力扳手，效果很好。

3）根据影像信息、外部已知信息、参照功能和工作原理进行推理，分析产品的结构和材料。比如可通过影像色彩判断材料种类，通过传动系统的外形判断传动类型。

4）为了较准确地得到产品形体的尺寸，需要根据影像信息，采用透视图原理求出各尺寸之间的比例，然后用参照物对比法确定其中某些尺寸，通过比例求得物体的全部尺寸。参照物可为已知尺寸的人、物或景。如图片中产品旁边有操作工人，根据人平均身高约 1.7m，可按比例求得设备其他尺寸。日本专家曾依据大庆油田炼油塔的一张照片估算出炼油塔的容积和生产规模，其参照物是油塔上的金属爬梯。一般高大建筑物金属爬梯宽为 400~600mm，高约为 300n（n 为台阶数）。参照爬梯估算出炼油塔的高度和直径，就很容易计算出容积。

5）可借助计算机图像处理技术来处理影像信息。可利用摄像机将照片中的图像信息输入计算机，经过处理得到三维 CAD 实体模型及其相关尺寸。

7.3 反求实例分析

反求实例：倒车灯开关的反求设计

倒车灯开关是一种装在汽车发动机变速箱上，在变速档挂倒车档时，开关闭合，接通电路，点亮倒车灯的装置。南京汽车电器厂根据产品的配套要求从日本引进 JK612A 倒车灯开关（见图 7-10）进行仿制，制造后发现仿制产品的装配工艺性差，质量不稳定，倒车灯开关性能很难控制，因此，必须重新对原产品进行分析研究，根据产品功能要求进行反求设计，改进开关结构。

1. 原产品结构原理反求分析

原产品结构如图 7-10 所示，其开关工作原理是：压力经 1、4、3、6、7、10 传到回位弹簧 11；顶杆 1 受力压下行程在 1mm 以内时，铜顶柱 3 推动小弹簧 6 使其产生变形，回位弹簧则因预加载荷其弹力仍大于小弹簧 6，维持原来形状尺寸，使银触点对 9 保持闭合。只有当顶杆 1 继续受压，其行程大于 1mm 后；回位弹簧 11 产生压缩变形，使银触点对 9 脱开，释放压力后，顶杆 1 复位，电路闭合。

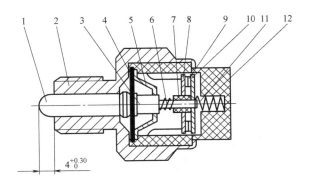

图 7-10 倒车灯开关原产品结构

1—顶杆 2—外壳 3—铜顶柱 4—密封圈 5—钢碗 6—小弹簧 7—顶圈 8—导电杆
9—银触点对 10—接触片 11—回位弹簧 12—底座

2. 原产品功能反求分析

采用功能分析方法，对原产品的基本功能进行反求分析，绘出功能树如图 7-11 所示。

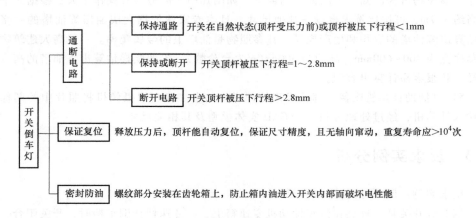

图 7-11　倒车灯开关功能树

从功能树中可以看出，通断电路是开关的基本功能；保证复位、密封防油是保证基本功能所不可缺少的辅助功能。各零件功能分析见表 7-1，其中小弹簧和回位弹簧同时完成通断电路和保证复位功能，是关键功能元件。仿制产品之所以装配工艺性差、质量不稳定、倒车灯开关性能很难控制，都和小弹簧和回位弹的变形和力参数难以保证有关。

3. 反求创新设计

（1）设计目标

1）不改变外形尺寸和安装尺寸，保证配套产品的要求。

2）保证产品的开关功能，提高可靠性。希望装配后无需调整即能满足产品技术要求。开闭动作寿命大于 10^4 次时，开关顶杆仍能自动复位而无轴向窜动。

3）降低成本，提高经济效益。

方案的评价和选优反求设计中提出了三个不同的方案，然后组织技术、质检、生产、财务等部门专业技术人员，对三个方案进行评价，选出最优方案。

1）评价目标和加权系数 g_i 的确定。评价目标分析如图 7-12 所示。

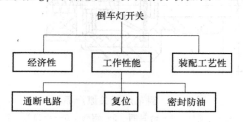

图 7-12　倒车灯开关评价目标树

表 7-1　倒车灯开关零件功能分析表

零件名称	产品功能								
	通断电路			保证复位			密封防油		
	关键件	执行件	辅助件	关键件	执行件	辅助件	关键件	执行件	辅助件
顶杆		✓							
外壳		✓			✓			✓	
铜顶柱			✓			✓			
密封圈			✓			✓	✓		
钢碗			✓						
小弹簧	✓				✓				
顶圈		✓				✓			
导电片		✓							
接触点		✓							
接触片		✓							
回位弹簧	✓				✓				
底座		✓					✓	✓	

各评价目标重要程度为：通断电路 A，复位 B，密封防油 C，经济性 D，其中装配工艺性 E 同等重要。

按判别法确定加权系数见表 7-2。

表 7-2　加权系数判别计算表

评价目标	A	B	C	D	E	k_i	$g_i = \dfrac{k_i}{\sum k_i}$
通断电路 A	×	3	3	4	4	14	0.36
复位 B	1	×	2	3	3	8	0.21
密封防油 C	1	2	×	3	3	8	0.21
经济性 D	0	1	1	×	2	4	0.11
装配工艺性 E	0	1	1	2	×	4	0.11
						$\sum k_i = 38$	$\sum g_i = 1$

2）评分选优。由参加评价的人员对Ⅰ、Ⅱ、Ⅲ三个方案各评价指标进行百分制评分，取平均分，见表 7-3。

表 7-3　倒车灯开关方案评价分表

方案	评价目标（加权系数）				
	通断电路（0.36）	复位（0.21）	密封防油（0.21）	装配工艺性（0.11）	经济性（0.11）
方案Ⅰ	95	95	90	95	90
方案Ⅱ	90	85	90	85	85
方案Ⅲ	90	95	90	90	75

用加权计分法求各方案总分：

$N_{\text{I}} = 95 \times 0.36 + 95 \times 0.21 + 90 \times 0.21 + 95 \times 0.11 + 90 \times 0.11 = 93.4$

$N_{\text{II}} = 90 \times 0.36 + 85 \times 0.21 + 90 \times 0.21 + 85 \times 0.11 + 85 \times 0.11 = 87.85$

$N_{\text{III}} = 90 \times 0.36 + 95 \times 0.21 + 90 \times 0.21 + 90 \times 0.11 + 75 \times 0.11 = 89.4$

$N_{\text{I}} > N_{\text{III}} > N_{\text{II}}$，方案 I 为最佳方案。

方案 I 结构原理如图 7-13 所示，其特点是：在顶杆 1 受力右压 1~2.8mm 后利用顶柱 3 的台肩面压迫接触片 9 向右移动，使银触点对 8 脱开。这种结构通过零件装配尺寸链，实现按行程要求完成电路通断的基本功能，与原来那种依靠两个弹簧的变形来满足顶杆的行程要求、保证基本功能实现的结构完全不同。显然，方案 I 的结构在质量可靠性和工艺性方面远比国外样品好。

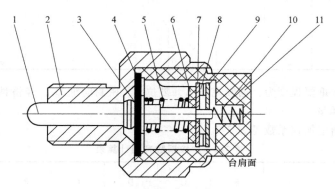

图 7-13　JK612A 倒车灯开关结构

1—顶杆　2—外壳　3—顶柱　4—密封圈　5—钢碗　6—垫片　7—导电片　8—银触点对
9—接触片　10—回位弹簧　11—底座

4. 尺寸链计算

针对新方案中按零件尺寸链保证通断电路功能的特点，为了合理地确定零件精度，保证产品的可装配性和互换性，使产品具有良好的装配工艺性和经济性，需要进行必要的装配尺寸链计算。

分析产品装配简图（见图 7-14a），找出与顶杆的行程相关的零件：图 7-13 中外壳 2、底座 11、顶杆 1、顶柱 3、密封圈 4、银触点对 8 及其接触面，做出最短尺寸链（见图 7-14b），并分别判别这些组成尺寸的增减性，列出装配结构的尺寸链方程式：

$$x = A + B + C + D - E - F - G$$

式中，x 为装配尺寸链的封闭环。由产品的技术要求可知，该封闭环即为顶杆的行程要求。

遵照尽可能利用原有零件、设法降低成本及提高经济效益的设计原则，确定各零件尺寸和公差，并使它们满足封闭环的极值公式：

$$x_{\max} = \sum_{i=1}^{m} M_{i\max} - \sum_{i=m+1}^{n-1} N_{i\min}$$

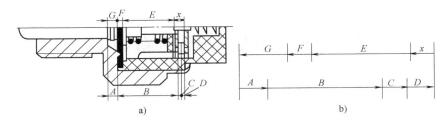

图 7-14　装配尺寸链

a）产品装配简图　b）最短尺寸链

$$x_{min} = \sum_{i=1}^{m} M_{imin} - \sum_{i=m+1}^{n-1} N_{imax}$$

式中　x_{max}——封闭环最大极限尺寸，$x_{max} = 2.8\,\mathrm{mm}$；

x_{min}——封闭环最小极限尺寸，$x_{min} = 1\,\mathrm{mm}$；

M_{imax}——各增环最大极限尺寸；

M_{imin}——各增环最小极限尺寸；

N_{imax}——各减环最大极限尺寸；

N_{imin}——各减环最小极限尺寸。

倒车灯开关 JK612A 较原产品工作性能可靠，减少了零件数，更换部分材料，从而降低了成本，提高装配工作效率 2 倍，有较好的经济效益。它是分析国外样品，消化、吸收、创新，进行国产化设计的一个较成功的案例。

第 8 章　仿生原理创新设计

仿生与创新密切相关。通过研究自然界生物的结构特性、运动特性与力学特性，然后设计出模仿生物特性的新材料或新装置，是创新设计的重要内容，其创新成果也非常丰硕。本章主要讨论仿生机械学中的一些简单问题，涉及到夹持问题的仿生机械手，涉及步行问题的仿生步行机以及仿天空中飞行的、地上爬的、水中游的一些仿生机器人的基本知识。其目的是为创新设计提供一个广阔的空间。

8.1　仿生学与仿生机械学简述

仿生学是研究生物系统的结构和性质，并以此为工程技术提供新的设计思想、工作原理和系统构成的科学。仿生学是生命科学、物质科学、信息科学、脑与认知科学、工程技术、数学与力学以及系统科学等学科的交叉学科；是模仿生物的结构和功能的基本原理，将其模式化，再运用于新技术设备的设计与制造，使人造技术系统具有类似生物系统特征的科学。仿生学与机械学相互交叉、渗透，形成了仿生机械学。仿生机械学主要是从机械学的角度出发，研究生物体的结构、运动与力学特性，然后设计出类生物体的机械装置的学科。当前，主要研究内容有拟人型机械手、步行机、假肢以及模仿鸟类、昆虫和鱼类等生物的机械结构、运动学与动力学设计以及控制等问题。这里主要从机械仿生的角度，介绍仿生与创新设计的关系及创新思路。

1. 仿生学简介

仿生学研究方法的突出特点就是广泛地运用类比、模拟和模型方法，理解生物系统的工作原理，不直接复制每一个细节，中心目的是实现特定功能。在仿生学研究中存在三个相关的方面，即生物原型、数学模型和硬件模型。前者是基础，后者是目的，而数学模型则是两者之间必不可少的桥梁。

仿生学的研究内容主要有机械仿生、力学仿生、分子仿生、化学仿生、信息与控制仿生等。

（1）机械仿生　研究动物体的运动机理，模仿动物的地面走和跑、地下的行进、墙面上的行进、空中的飞、水中的游等运动，运用机械设计方法研制各种运动装置。机械仿生是本章的主要内容。

（2）力学仿生　研究并模仿生物体总体结构与精细结构的静力学性质，以及生物体各组成部分在体内相对运动和生物体在环境中运动的动力学性质。例如，模仿贝壳修造的大跨度薄壳建筑，模仿股骨结构建造的立柱，既消除应力特别集中的区域，又可用最少的建材承受最大的载荷。军事上模仿海豚皮肤的沟槽结构，把人工海豚皮包敷在船舰外壳上，可减少航行湍流，提高航速。

（3）分子仿生　模仿动物的脑和神经系统的高级中枢的智能活动、生物体中的信息处理过程、感觉器官和细胞之间的通信、动物之间的通信等，研制人工神经元电子模型和神经网络、高级智能机器人、电子蛙眼、鸽眼雷达系统以及模仿苍蝇嗅觉系统的高级灵敏小型气体分析仪等。例如根据象鼻虫视动反应制成的"自相关测速仪"可测定飞机着陆速度。

（4）化学仿生　模仿光合作用、生物合成、生物发电、生物发光等。例如利用研究生物体中酶的催化作用、生物膜的选择性和通透性、生物大分子或其类似物的分析和合成，研制了一种类似有机化合物，在田间捕虫笼中用千万分之一微克，便可诱杀一种雄蛾虫。

（5）信息与控制仿生　模仿动物体内的稳态调控、肢体运动控制、定向与导航等。例如研究蝙蝠和海豚的超声波回声定位系统、蜜蜂的"天然罗盘"、鸟类和海龟等动物的星象导航、电磁导航和重力导航，可为无人驾驶的机械装置在运动过程中指明方向。

仿生学的研究内容很多，这里仅仅列举一些常见的仿生方式，详细内容请参阅有关仿生学方面的专著。

2. 仿生机械学简介

随着机械仿生在仿生学中的快速发展，逐渐形成了一个专门研究仿生机械的学科，称为仿生机械学。它是 20 世纪 60 年代末期由生物力学、医学、机械工程、控制论和电子技术等学科相互渗透、结合而成的一门边缘学科。通过研究、模拟生物系统的信息处理、运动机能以及系统控制，并通过机械工程方法论将其实用化，从而应用于医学、国防、电子、工业等相关领域，可产生巨大的经济效益。

仿生机械（bio-simulation machinery）是模仿生物的形态、结构和控制原理，设计制造出的功能更集中、效率更高并具有生物特征的机械。仿生机械学研究的主要领域有生物力学、控制体和机器人。生物力学研究生命的力学现象和规律，包括生物体材料力学、生物体机械力学和生物体流体力学；控制体是根据从生物了解到的知识建造的用人脑控制的工程技术系统，如机电假手等；机器人则是用计算机控制的工程技术系统。

仿生机器人是仿生机械学中的一个最为典型的应用实例，其发展现状基本上代表了仿生机械学的发展水平。日本和美国在仿生机器人的研究领域起步早，发展快，取得了较好的成果。比如，日本东京大学在 1972 年研究出世界上第一个蛇形机器人，速度可达 40cm/s；日本本田技术研究所于 1996 年研制出世界上第一台仿人步行机器人，可行走、转弯、上下楼梯和跨越一定高度的障碍；美国卡内基梅隆大学 1999 年研制的仿袋鼠机器人采用纤维合成物作为弓腿，被动跳跃时的能量仅损失 20% ~ 30%，最大奔跑速度超过 1m/s 等等。我国对仿生机器人的研究始于 20 世纪 90 年代，经过十多年的研究，我国在仿生机器人方面也取得了很多成果，研制出了相关的机器人样机，而且有些仿生机器人在某些方面达到了国外先进水平。比如，北京理工大学于 2002 年研制出拟人机器人，具有自律性，可实现独立行走和太极拳等表演功能；北京航空航天大学和中国科学院自动化研究所于 2004 年研制出我国第一条可用于实际用途的仿生机器鱼，其身长1.23m，采用 GPS 导航，其最高时速可达 1.5m/s，能在水下持续工作 2~3h；南京航空航天大学 2004 年研制出我国第一架能在空中悬浮飞行的空中仿生机器人——扑翼飞行器；哈尔滨工业大学于 2001 年研制的仿人多指灵巧手具有 12 个自由度和 96 个传感器，可完成战场探雷、排雷以及检修核工业设备等危险作业。

3. 仿生机械学中的注意事项

按照仿生机械学研究内容，可归纳为功能仿生、结构仿生、材料仿生以及控制仿生等几个方面。长期以来，人类非常羡慕一些自然界中的生物所具有的非凡特性。鸟为什么能在空中飞，鱼为什么能在水中游，没有腿的蛇为什么能在地面运动，蚂蚁为什么能拖动大于身体自重 500 倍的物体，跳蚤为什么能跳过超过自身身高 700 倍的高度，蚯蚓为什么出于污泥而不染等许许多多的问题令人们思考。把自然界生物体的特性引入人类生活成为了人们的追求目标，并逐渐形成了仿生机械学的内容。根据人类在历史上仿生的经验与教训，在运用仿生学的基本知识进行创新活动时，必须牢记以下几个问题：

1）仿生机械建立在对模仿生物体的解剖基础上，了解其具体结构，用高速影像系统记录与分析其运动情况，然后运用机械学的设计与分析方法，完成仿生机械的设计过程，是多学科知识的交叉与运用。

2）生物的结构与运动特性，只是人们开展仿生创新活动的启示，不能采取照搬式的机械仿生。人类为了像鸟一样在天空翱翔，就在双臂上各捆绑一个翅膀，从高山上往下跳，结果发生惨剧，因为人的双臂肌肉没有进化到鸟翅肌肉的发达程度，不能克服人体自重。飞机的发明经历了从机械式仿生到科学仿生的过程，蛙泳的动作也是科学仿生的结果。机械式的仿生是研究仿生学的大忌之一。

3）注重功能目标，力求结构简单。生物体的功能与实现这些功能的结构是经过千万年的进化逐渐形成的，有时追求结构仿生的完全一致性是不必要的。如人的每只手有14 个关节，20 个自由度，如果完全仿人手结构，会造成结构复杂、控制也困难的局面。所以仿二指和三指的机械手在工程上应用较多。

4）仿生的结果具有多值性，要选择结构简单、工作可靠、成本低廉、使用寿命长、制造维护方便的仿生机构方案。

5）仿生设计的过程也是创新的过程，要注意形象思维与抽象思维的结合，注意打破定势思维并运用发散思维解决问题的能力。

8.2　仿生机械设计分析

8.2.1　仿生机械手

仿生机器人必须有手，称之为仿生机械手，如图 8-1 所示。仿生机械手不仅是执行命令的机构，还应该具有识别的功能，这就是我们通常所说的"触觉"，对物体的软、硬、冷、热等的感觉是靠触觉传感器识别，并将所获得的信息反馈到大脑（计算机）里，以调节动作，使动作适当。

仿生机械手一般由手掌和手指组成。为了使它具有触觉，在手掌和手指上都装有多种传感器。如果要感知冷暖，还可以装上热敏元件。当触及物体时，传感器发出接触信号，否则就不发出信号。在各指节的连接轴上装有精巧的电位器，它能把手指的弯曲角度转换成"外形弯曲信息"，把外形弯曲信息和各指节产生的"接触信息"一起送入计算机，通过计算就能迅速判断机械手所抓物体的形状和大小。

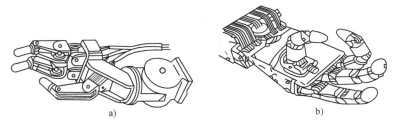

图 8-1　仿生机械手

a）三指机械手　b）四指机械手

1. 仿生机械手的机构组成

（1）仿生机械手机构的运动副及自由度　仿生机械手的机构一般为开链机构，由若干构件组成。构件之间通过某种连接来产生确定的相对运动，称两个构件间的可动连接为运动副。运动副所允许的两构件间的相对运动的个数称为运动副的自由度。

自由构件在三维空间中有 6 个自由度。那么，运动副的自由度数为 $0<f<6$。运动副的分类方法有两种，一是按照运动副提供的自由度分类，二是按照运动副提供的约束数来分类。在仿生机械的结构分析中，常采用按照运动副约束数的分类方法。常见的运动副见表 8-1。根据运动副提供的约束数目，可把运动副分为五类，分别为 Ⅰ、Ⅱ、Ⅲ、Ⅳ、Ⅴ 类副。

表 8-1　常见的运动副

运动副名称	表示符号	自由度数	约束数
转动副（Ⅴ类副）	R	1	5
移动副（Ⅴ类副）	P	1	5
螺旋副（Ⅴ类副）	H	1	5
圆柱副（Ⅳ类副）	C	2	4
球销副（Ⅳ类副）	S'	2	4
球面副（Ⅲ类副）	S	3	3
球槽副（Ⅱ类副）	SG	4	2

在仿生机械手中，由于各运动副中的运动变量都要借助于各种驱动器来实现，而无论是转动的或移动的驱动器又均为一个自由度，所以在仿生机械手中所采用的运动副类型，实际上常用转动副、移动副两种，个别被动运动副有时也可采用球面副。

多个构件用运动副连接后组成的可动构件系统称为运动链。如果形成运动链的各构件组成一个封闭的系统，则称为闭式运动链，如果运动链的各构件没有形成首尾封闭的系统，则称为开式运动链。在运动链中，如果有一个构件被指定为相对固定件或机架，则该运动链便成为一个机构。为了使机构具有确定的运动，必须使输入参数或输入构件的个数等于机构的自由度数。否则，机构的几何运动将不确定，或者将无法运动，甚至遭到破坏。

从仿生的观点出发，机械手、机器人较多地采用了空间开式运动链的机构。

（2）仿生机械手机构自由度　一个自由构件在空间具有 6 个自由度。若机构具有 n 个运动构件，那么，它们在未用运动副连接之前，共有 $6n$ 个自由度。但是，当它们通过各种运动副连接起来组成为机构之后，构件的运动就要受到运动副的约束，其自由度数也随之减少。自由度减少的数目，应等于运动副引入的约束的数目，运动副约束数目则取决于运动副的种类。于是，空间机构的自由度可用下式计算：

$$F = 6n - \sum_{k=1}^{5} kp_k$$

式中　F——机构的自由度；

　　　n——运动构件数；

　　　k——每个运动副引入的约束数；

　　　p_k——相应的运动副数目。

图 8-2 所示为人的手臂示意图。肱骨与肩部以球面副相连；尺、桡骨通过一个 II 级副（球槽副）SR 彼此相连，并分别用转动副和球面副与肱骨相连，形成肘关节；手掌简化成一个构件，它与尺、桡骨和 5 个手指骨均用能做两个相对转动的 IV 级副相连；各手指指骨间均用转动副彼此相连接。从工程的观点看，把人的手臂视作一个机构，或认为它是一种由许多构件组成的空间开式运动链。求解手臂机构的自由度。

$$F = 6n - \sum_{k=1}^{5} kp_k$$

由图 8-2 可知，人的手臂机构中，$n = 19$，$p_{\text{I}} = 0$，$p_{\text{II}} = 1$，$p_{\text{III}} = 2$，$p_{\text{IV}} = 6$，$p_{\text{V}} = 11$，故 $F = 6 \times 19 - (2 \times 1 + 3 \times 2 + 4 \times 6 + 5 \times 11) = 27$。

同理可求得手指部分的自由度为 $F = 6 \times 15 - (4 \times 5 + 5 \times 11) = 20$。

由计算得知，人体上肢是自由度最多的一种开式运动链，适应能力很强。仿生机械手要模仿人的一个上肢有 32 块骨骼，由 50 多条肌肉驱动，由肩关节、肘关节、腕关节构成 27 个空间自由度，肩和肘关节构成 4 个自由度，以确定手的位置；腕关节有 3 个自由度，以确定手心的姿态。手由肩、肘、腕确定位置和姿态后，为了掌握物体做各种精巧、复杂的动作，还要靠多关节的五指和柔软的手掌；手指由 26 块骨骼构成 20 个自由度，因此手指可做各种精巧操作。

2. 仿生机械手实例

人类与动物相比，除了拥有理性的思维能力、准确的语言表达能力外，拥有一双灵巧的手也是人类的骄傲。正因如此，让机器人也拥有一双灵巧的手成了科研人员的工作目标。如今，机器人的手具有了灵巧的指、腕、肘和肩胛关节，能灵活自如地伸缩摆动，手腕也会转动弯曲。通过手指上的传感器还能感觉出抓握的物体的重量，可以说已经具备了人手的许多功能。

图 8-3 所示为北京航空航天大学机器人研究所研制出的灵巧手，有三个手指，每个手指有 3 个关节，3 个手指共 9 个自由度，由微电动机控制其运动，各关节装有角度传感器，指端配有三维力传感器，采用两级分布式计算机实时控制。该灵巧手配置在机器人手臂上充当灵巧末端执行器，扩大了机器人的作业范围，可完成复杂的装配、搬运等操作，如可以用来抓取鸡蛋，既不会使鸡蛋掉下，也不会捏碎鸡蛋。

在实际应用中，许多时候并不一定需要复杂的多节人工指，而只需要能从各种不同的角度触及并搬动物体的钳形指。1966 年，美国海军就是用装有钳形人工指的机器人"科沃"把因飞机失事掉入西班牙近海的一颗氢弹从 750m 深的海底捞上来。

从仿生学的角度出发，探讨生物体灵巧运动的机理、生物体的运动特性，除了与生物体所具有的形状、特征有关外，还与它们内

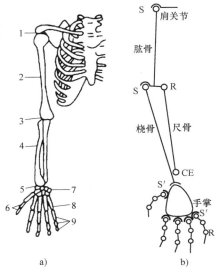

图 8-2 人的手臂示意图
a) 人体上肢骨骼 b) 人体上肢骨骼机构
1—肩关节 2—肱骨 3—肘关节 4—尺、桡骨
5—腕关节 6—拇指骨 7—腕骨
8—掌骨 9—指骨

部特有的骨骼—肌肉系统以及控制它们的神经系统密切相关。为实现骨骼—肌肉的部分功能而研制的制动装置称为人工肌肉制动器。为更好地模拟生物体的运动功能或在机器人上应用，已研制出了多种人工肌肉。一类称为机械化学物质（mechanochemicals）的高分子物质（如高分子凝胶），它在电刺激下能反复伸缩将化学能直接转化为动能产生机械动作；形状记忆合金（SMA）受温度影响会像肌肉那样伸缩，并根据通过合金丝中电流总量的大小调节刚度。另一类也是目前大量开发应用的人工肌肉——气动人工肌肉（Rub—berActuator）。1975 年日本 Bridgestone 公司推出一种寿命达 106 次的人工肌肉产品，如图 8-4a 所示，它有两层，里层是橡胶管，外层是纤维编织网套。两端用金属夹箍固定。夹箍内有气路，由此传导压缩空气。管内压

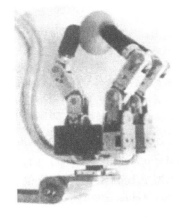

图 8-3 灵巧手抓取鸡蛋

力上升时，肌肉沿径向膨胀，并沿轴向收缩，于是产生收缩力。此外，1984 年一种具有高度柔顺性的、采用气动人工肌肉的致动器开始问世，其结构原理如图 8-4b 所示。

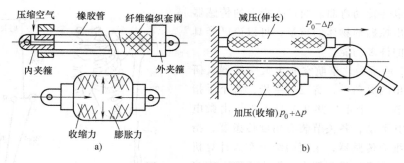

图 8-4　人工肌肉简图

a）人工肌肉的构造图　b）人工肌肉致动器

1988 年，日本东芝会社开发出一种尺寸更小的、供微型机器人和多指多关节手使用的微型气动人工肌肉，如图 8-5 所示。它的长度通常为数厘米，外径为数毫米，管壁采用硅橡胶并添加芳族族聚酰胺增强纤维（arimid fiber）。管内有三个相互隔离的空腔，可分别送入压缩空气形成压力室。增强纤维编织线的走向，使肌肉具有明显的各向异性力学特征。通过选择这种微型人工肌肉编织纤维的螺旋角 α，调节其内压匹配可以实现任意方向的弯曲、曲率和伸长量、绕轴线的扭转 3 个自由度的运动控制。据报道，已有一台用微型人工肌肉制成的 7 自由度操作手实验样机问世。还有一种三指 11 关节手与人手尺寸相近，质量仅 600g。全部致动器容纳在手掌空间中，结构十分紧凑。

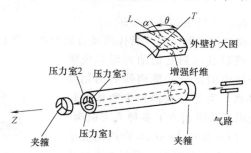

图 8-5　微型气动人工肌肉结构图

加拿大 MacDonald Dettwiler&As—sociates 公司在 1987 年发布了一种名为 ROMAC（Robotic Muscle Actuator）的人工肌肉制动器专利（见图 8-6），它更像一个可变形气囊，由压缩空气驱动也能进行位置和力的独立控制。它在功率重量比和响应速度上比 Rubber-Actuator 更高、更快，滞回更低，而最大收缩率高达 50%。

图 8-6a、b 分别表示了 ROMAC 在伸长和收缩时的形状。

8.2.2　步行与仿生机构的设计

运动是生物的最主要特性，而且往往表现着"最优"的状态。据调查，地球上近一半的地面不能为传统的轮式或履带式车辆到达，而很多足式动物却可以在这些地面上

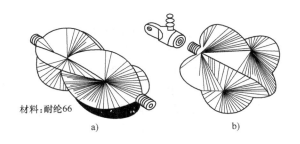

材料:耐纶66

图 8-6　ROMAC 简图
a）伸长时的变形　b）收缩时的变形

行走自如。这给人们一个启示：有足运动具有其他地面运动方式所不具备的独特优越性能。

1. 有足动物腿部结构分析

有足运动具有较好的机动性，其立足点是离散的，对不平地面有较强的适应能力，可以在可能到达的地面上最优地选择支撑点，有足运动方式可以通过松软地面（如沼泽、沙漠等）以及跨越较大的障碍（如沟、坎和台阶等）。其次，有足运动可以主动隔振，即允许机身运动轨迹与足运动轨迹解耦。尽管地面高低不平，机身运动仍可以做到相当平稳。第三，有足运动在不平地面和松软地面上的运动速度较高，而能耗较少。

在研究有足动物时，观察与分析腿的结构与步态非常重要。如人的膝关节运动时，小腿相对大腿是向后弯曲的；而鸟类的腿部运动则与人类相反，小腿相对大腿是向前弯曲的；这是在长期进化过程中，为满足各自的运动要求逐渐进化形成这些独特结构。

图 8-7 所示为人类与鸟类的两足步行状态示意图。

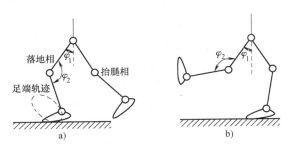

落地相　φ_1　抬腿相

φ_2

足端轨迹

φ_2　φ_1

a)　　　　　b)

图 8-7　两足步行状态分析
a）人的步行状态　b）鸟类的步行状态

四足动物的前腿运动是小腿相对大腿向后弯曲，而后腿则是小腿相对大腿向前弯曲，图 8-8 为四足动物的腿部结构示意图。如马、牛、羊、犬类等许多动物都按此规律运动；四足动物在行走时一般三足着地，跑动时则三足着地、二足着地和单足着地交替进行，处于瞬态的平衡状态。

两足动物和四足动物的腿部结构大多采用简单的开链结构，多足动物的腿部结构可以采用开链结。图8-9a 所示为多足动物的腿部的一种结构示意图，图8-9b 所示为仿四足动物的机器人机构示意图。

拟人型步行机器人有足运动仿生可分为两足步行运动仿生和多足运动仿生，其中两足步行运动仿生具有更好的适应性，也最接近人类，故也称之为拟人型步行仿生机器人。

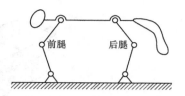

图 8-8　四足动物的腿部
结构示意图

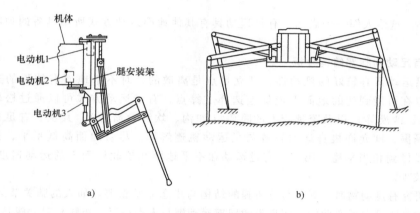

a)　　　　　　　　　　　　　　b)

图 8-9　多足动物的仿生腿结构

a）多足动物的仿生腿　b）仿四足动物的机器人机构

拟人型步行机器人具有类似于人类的基本外貌特征和步行运动功能，其灵活性高，可在一定环境中自主运动，并与人进行一定程度的交流，更适合协同人类的生活和工作，与其他方式的机器人相比，拟人型步行机器人在机器人研究中占有特殊地位。

（1）拟人型步行机器人的仿生机构　拟人型步行机器人是一种空间开链机构，实现拟人行走使得这个结构变得更加复杂，需要各个关节之间的配合和协调。所以各关节自由度分配上的选择就显得尤其重要。从仿生学的角度来看，关节转矩最小条件下的两足步行结构的自由度配置认为髋部和踝部各需要 2 个自由度，可以使机器人在不平的平面上站立，髋部再增加一个扭转自由度，可以改变行走的方向，踝关节处增加一个旋转自由度可以使脚板在不规则的表面着地，膝关节上的一个旋转自由度可以方便地上下台阶。所以从功能上考虑，一个比较完善的腿部自由度配置是每条腿上应该具备 7 个自由度。图 8-10 所示为腿部的 7 个自由度的分配情况。

从国内外研究的较为成熟的拟人型步行机器人来看，几乎所有的拟人型步行机器人腿部都选择了 6 个自由度的方式，其分配方式为髋部 3 个自由度，膝关节 1 个自由度，踝关节 2 个自由度，如图 8-11 所示。由于踝关节缺少了一个旋转自由度，当机器人行

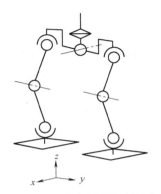

图 8-10　拟人机器人腿部的理想自由度

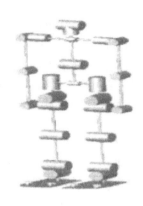

图 8-11　拟人机器人腿部 6 个自由度

走中进行转弯时，只能依靠大腿与上身连接处的旋转来实现，需要先决定转过的角度，并且需要更多的步数来完成行走转弯这个动作。但是这样的设计可以降低踝关节的设计复杂程度，有利于踝关节的机构布置，从而减小机构的空间体积，减轻下肢的重量。这是拟人型步行机器人下肢在设计中的一个矛盾，它将影响机器人行走的灵活程度和腿部结构的繁简。

（2）拟人型仿生步行机器人实例　　与其他足式机器人相比，拟人形步行机器人具有很高的灵活性，具有自身独特的优势，无疑更适合为人类的生活和工作服务，同时不需要对环境进行大规模的改造，与其他方式的机器人相比具有更为广阔的应用前景。

图 8-12 所示为本田技研工业公司于 1997 年研制的步行机器人样机 P3，图 8-13 所示为 2001 年推出的样机阿西莫（Advanced Step Innovative Mobility，ASIMO），样机改型

图 8-12　步行机器人样机 P3

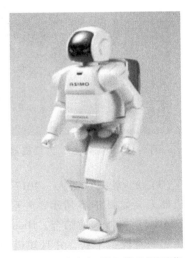

图 8-13　步行机器人样机阿西莫

使其技术日臻完善。实现了小型轻量化，使其更容易适应人类的生活空间，同时通过提高双脚步行技术使其更接近于人类的步行方式。

阿西莫高120cm，机器人的宽度和厚度也相应缩小从而更便于在人群中步行。通过降低身高不仅减轻了重量，同时通过重新设计骨骼结构以及采用锰骨架等大幅"减轻了重量"。它可以实时预测以后的动作，并且据此事先移动重心来改变步调。过去由于不能进行预测运动控制，当从直行改为转弯时，必须先停止直行动作后才可以转弯。ASIMO通过事先预测"下面转弯以后重心向外侧倾斜多少"等重心变化，可以使得从直行改为转弯时的步行动作变得连续流畅。此外，由于能够生成步行方式，因此可以改变步行速度以及脚的落地位置和转弯角度。另外，还可以轻易地模仿螃蟹的行走模式、原地转弯以及具有节奏感的上下楼梯动作。在进一步配备语音以及视觉识别功能和提高自律性时，可以成为在人类生活中发挥作用的机器人。

我国在仿人形机器人方面也做了大量研究工作，国防科技大学研制成功我国第一台仿人型机器人——"先行者"（见图8-14），实现了机器人技术的重大突破。"先行者"有人一样的身躯、头颅、眼睛、双臂和双足，有一定的语言功能，可以动态步行。图8-15所示为12关节空间运动型两足机器人爬楼梯的过程。

仿人形机器人是多门基础学科、多项高技术的集成，代表了机器人的尖端技术。因此，仿人形机器人是当代科技的研究热点之一。仿人形机器人不仅是一个国家高科技综合水平的重要标志，也在人类生产、生活中有着广泛的用途，不仅可以在有辐射、有粉尘、有毒等环境中代替人们作业，而且可以在康复医学上形成一种动力型假肢，协助截瘫病人实现行走的梦想。

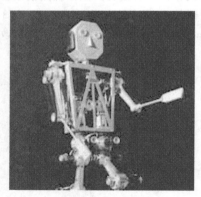

图8-14 "先行者"人形机器人

图8-15 12关节空间运动型两足机器人

（3）足+轮式机器人 2017年谷歌旗下波士顿动力公司最新发布一款名为Handle的机器人，如图8-16所示，外形看起来像赛格威（Segway）平衡车和两条腿的阿特拉斯（Atlas）机器人的结合。Handle是一次车轮和腿的结合实验，Handle的动态系统能够让它一直保持平衡，并且知道如何分配重量，保持重心稳定。

Handle把轮滑技术发挥到了极致，它的跳跃与缓冲让人惊叹，纵跃1.2m；它搬运东西可以下楼梯，穿越雪地放到指定位置。

整个机器人由电池供能，驱动电动机和液压泵。无需外接设备，一次充电续航 24km。

2. 多足步行仿生机器人

（1）多足仿生步行机器人的机构　多足仿生一般是指四足、六足、八足的仿生步行机器人机构，常用的是六足仿生步行机器人。四足步行机器人在行走时，一般要保证三足着地，且其重心必须在三足着地的三角形平面内部才能使机体稳定，故行走速度较慢。在对速度要求不高的场合，也有应用。如海底行走的钻井平台则采用了四足行走机构。多足步行仿生就是指模仿具有四足以上的动物运动情况的设计问题。多足仿生步行机器人机构设计是系统设计基础。在进行多足步行机器人机构

图 8-16　Handle 机器人

设计之前，对生物原型的观察与测量是设计的基础环节和必要环节。如通过对昆虫的运动进行观察与分析实验，一方面了解昆虫躯体的组成、各部分的结构形式以及腿部关节的结构参数；另一方面研究昆虫站立、行走姿态，确定昆虫在不同地形的步态、位姿以及位姿不同时的受力状况。

通过对步行机器人足数与性能定型评价，同时也考虑到机械结构简单性和控制系统简单性，通过对蚂蚁、蟑螂等昆虫的观察分析，发现昆虫具有出色的行走能力和负载能力，因此六足步行机器人得到广泛应用，以保证高速稳定行走的能力和较大的负载能力。步行机器人腿的配置采用正向对称分布。四足仿生机器人如图 8-17a 所示，六足仿蟹步行机器人如图 8-17b 所示。

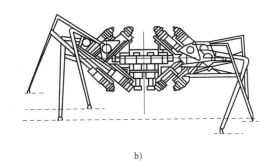

a)　　　　　　　　　　　　　　　　b)

图 8-17　多足步行机器人模型

a）四足仿生机器人　b）六足仿蟹步行机器人

六足步行机器人常见的步行方式是三角步态。三角步态中，六足机器人身体一侧的前足、后足与另一侧的中足共同组成支撑相或摆动相，处于同相三条腿的动作完全一致，即三条腿支撑，三条腿抬起换步。抬起的每个腿从躯体上看是开链结构，而同时着

地的 3 条腿或 6 条腿与躯体构成并联多闭链多自由度机构。图 8-18 所示六足步行机器人中，在正常行走条件下，各支撑腿与地面接触存在摩擦不打滑，可以简化为点接触，相当于机构学上的 3 自由度球面副，再加上踝关节、膝关节及髋关节（各关节为单自由度，相当于转动副），每条腿都有 6 个单自由度运动副。

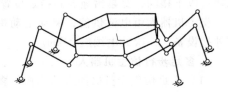

图 8-18　六足步行机器人

六足步行机器人的行走方式，从机构学角度看就是 3 分支并联机构、6 分支并联机构及串联开链机构之间不断变化的复合型机构。同时也说明，无论该步行机器人采取的步态及地面状况如何，躯体在一定范围内均可灵活地实现任意的位置和姿态。

（2）多足步行仿生机器人实例　自 20 世纪 80 年代麻省理工学院研制出第一批可以像动物跑和跳的机器人开始，各国都积极进行多足仿生步行机器人的研究，模仿对象有蜘蛛、蟋蟀、蟹、蟑螂、蚂蚁等。目前，多足仿生步行机器人已出现于多个领域，特别是在军事侦察领域得到广泛应用。

2000 年，新西兰坎特伯雷大学研制出了六足步行机器人 Hamlet，如图 8-19 所示。机器人每条腿有 3 个转动关节，每个关节使用 10W 直流伺服电动机，通过减速比为 1：246 的行星轮减速器输出双向 4.5N·m 转矩，在第二和第三关节处，采用联轴器和锥齿轮使电动机与腿部轴线平行。每条腿足端都装有三维力传感器，通过传感器信号改变身体姿态。机器人总质量为 12.7kg，站立时高度为 400mm，能以 0.2m/s 的平均速度在复杂地形中自主行走，并具有越障能力。

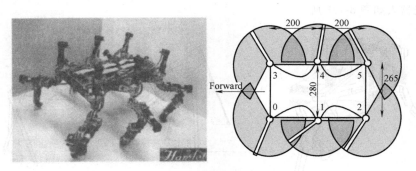

图 8-19　新西兰六足步行机器人 Hamlet

2001 年，德国国家信息科技研究中心研制了八足步行机器人蝎子（Scorpion），如图 8-20 所示。此机器人可以完成全方位、平稳快速的行走，而且可以在行走时改变身体姿态和行走速度，已经成功地实现了沙地和多岩石不规则地面行走。

我国在步行机器人的研究与世界发达国家还存在一定差距，北京理工大学仿生机器人研究小组，在对各类昆虫进行观察实验的基础上，采用功能仿生和结构仿生的方式，研制出一种尺寸较小、机动灵活的六足仿生步行机器人。其仿生步行机器人整体外形尺寸为 0.8m × 0.6m ×0.4m，六足仿生步行机器人巡航前进速度为 0.2m/s，最高速度为 0.3m/s，可攀爬坡度为 45% 的斜坡，持续作业时间为 2h，仿生步行机器人自重 10kg，可携带有效载荷 3kg。它可实现仿生步行机器人在小扰动作业条件下的各种规定运动，如前进、转向、加速、攀登、越障、停止等。六足仿生步行机器人的装配图如图 8-21 所示。

图 8-20　仿生步行机器人蝎子

多足步行机器人在设计过程中，除去腿结构的设计之外，步态相位的设计也很重要。也就是说，动物在运动过程中，哪条腿先迈动，其次是哪条腿，最后是哪条腿，要把腿的运动次序和步幅大小弄清楚，当然还要弄清楚其重心随腿运动的摆动情况，这样的观察对仿生设计是非常必要的。

8.2.3　爬行与仿生机构的设计

仿生爬行机器人与传统的轮式驱动的机器人不同，采用类似生物的爬行机构进行运动。这种运动方式使得机器人可以具有更好的与接触面附着能力和越障能力，在军事侦察及民用高层建筑外墙壁清洁等领域都具有非常广泛的应用前景。由于这类爬行机器人在机构、驱动和控制方面的特殊要求，使得实际制作出的仿生爬行机器人很难达到预先的设计效果，目前爬行机器人所具有的一系列潜在优越性能还没有完全得到实际体现。

1. 仿生爬行机器人机构

爬行机构的特点是多自由度、多关节的协同动作。由于关节自由度多，动力学模型复杂，实现稳定的爬行运动比较困难，所以爬行仿生机构在工程中的应用很少。在长期的进化和生存竞争中，许多动物，如壁虎、蜘蛛、蛇等，具有了优异的在光滑或粗糙的各种表面上自如运动的能力，仿生爬行机器人的研究有广阔的应用前景。

图 8-21　六足仿生步行机器人的装配图

爬行机器人可分为爬壁机器人和蛇形机器人。

（1）爬壁机器人　爬壁机器人必须具有两个基本功能：壁面吸附功能和移动功能。目前，爬壁机器人的吸附方式主要有三种：真空吸附、磁吸附和推力吸附。移动功能则大多以轮式、履带式和足式三种机构来实现。由于每种吸附方式和移动机构都具有各自的优缺点，因此，爬壁机器人的设计要根据具体的作业要求来制定。

1）足-掌机构。为了使仿生爬行机器人具有近似于爬行动物的运动特性，爬壁机器人对足-掌机构都有特殊的要求。

爬壁机器人对腿足机构的要求可归纳为以下主要方面：

① 腿机构具有足够的刚性和承载能力。

② 腿机构具有足够大的工作空间。

③ 机构足端的支撑相直线位移便于控制。

在腿足机构的端点连接吸掌以后，对掌机构的要求主要有：

① 掌的姿态可以调节控制，以便在地壁过渡行走时适应壁面法线方向。

② 调节掌机构的驱动装置尽可能安装到机器人机体上。

③ 爬壁机器人在壁面上移动时，处于支撑相的掌与足端应没有限制转动的强迫约束。

图 8-22 所示是复合足-掌机构的结构。缩放式腿机构上的 A、B 两点的直线移动由两台主电动机（图中未示出）通过齿轮减速、经丝杠 10、螺母 11 转换而成。与螺母 11 一体的滑块 12 的导向，由导柱 9 和直线轴承 8 完成。掌组件 15 的姿态调整由 A 处的另一台电动机（图中未示出）带动带轮 14、齿形带 7 和带轮 2，使与带轮 2 固连的连杆 1 随之摆动，通过连杆 16 使掌组件 15 转动改变姿态。压带轮 4 和 6 与张紧轮 5 起到使齿形带张紧的作用。由于带轮 2 和 14 的直径相同，杆 3 的两端铰链点与齿形带的两个切点构成一平行四边形，它与掌组件上的另一个平行四边形一起，保证机器人在平地（或平壁）上运动时掌姿态的自行保持。

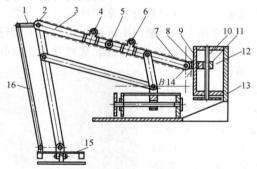

图 8-22　复合足-掌机构的结构

1、3、16—连杆　2、14—带轮　4、6—压带轮　5—张紧轮　7—齿形带　8—直线轴承　9—导柱
10—丝杠　11—螺母　12—滑块　13—机架　15—掌组件

2）吸附机构。图 8-23 所示的吸附机构由 5 个吸盘及 5 个真空发生器组成，吸盘安装在吸盘支撑板上（见图 8-24），吸盘支撑板和柔性驱动器之间通过连杆和弹簧相连，而真空发生器的出气口连在吸盘上端的进气口。随着机器人的运动，当 1 组吸盘完全接触工作表面到达吸附状态时，对应的电磁阀打开，与之相连的真空发生器工作产生真空，吸盘吸附在工作表面上。反之，随着机器人前进，当 1 组吸盘即将要离开平面时，对应的电磁阀关闭，则吸盘的吸附力逐渐降到零，而可以脱离工作表面。在设计中，任何时刻都至少保证有 3 个吸盘同时吸附在工作表面上，以产生足够的吸附力，防止机器人从墙壁上滑下或倾翻。

图 8-23 爬壁机器人吸附机构

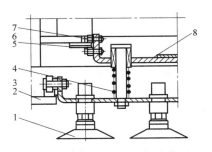

图 8-24 吸盘组导向和提升装置
1—吸盘 2—吸盘提升装置 3—撑板弹簧
4—弹簧 5—导轮 6—链条连接板
7—连杆 8—吸盘支撑板

机器人在墙上或一定坡度的坡面上爬行时，吸附在工作平面上的吸盘连杆相当于一柔性悬臂梁，由于受重力作用会向下倾斜，当下一组吸盘组切入吸附状态时，吸盘连杆在工作面法线方向，将不能保证这组吸盘组与已经吸附的吸盘组相互平行的姿态，因此必须保证吸盘组在垂直于工作面进入吸附状态，并能够维持垂直（近似）姿态直到吸盘组脱离，故需要设计吸盘组导向装置，在框架两侧安装纵向的导向支撑板（导轨），链条连接板的两端安装有三导轮，吸盘组的导轮进入导向支撑板后，在导向支撑板、链条及直线轴承的作用下，保证吸附状态的吸盘连杆在机器人爬行时能保持相互姿态。为了避免吸盘在前轮下方切入时卷褶漏气，设计了吸盘提升装置。在一吸盘组进入吸附状态前，吸盘支撑板上的滚轮作用在提升轨道上，提升轨道将吸盘支撑板连同吸盘相对于链条连接板提升一段距离，到达吸附位置时，在弹簧作用下将吸盘弹回，吸盘组进入吸附状态。

（2）蛇形机器人 在绝大多数人眼中，蛇是一种可怕的动物，甚至有很多人不愿意提及或看到这种动物。农夫和蛇等寓言故事，无不反映出蛇阴险和可怕的一面。当然它本身与众不同的移动方式，也使人们产生恐慌和害怕，从而避而远之。其实蛇是非常有益于人类的动物，它可以消灭老鼠等害虫，而且对于整个生态平衡起着至关重要的作用。当然本文并不是研究生物蛇和人类的关系，而是根据蛇的生理结构和运动特点，设计和研究蛇形机器人的结构和运动，是从仿生学的角度出发研制有利于人类社会的机器人。当代机器人的研究领域已经从结构环境下的定点作业向非结构环境下的自主作业发展。机器人被急切需要应用到环境复杂、高度危险和人类无法进入的场合完成作业。除了传统的车型设计方法外，机器人学者把目光转向了生物界，力求从具有各种运动特征的动植物上获得启发，设计新的仿生机器人。蛇形机器人就是在这种条件下孕育而生的。蛇的各种独特的运动特性赋予蛇形机器人以多种功能。蛇形机器人不但能够适应各种复杂地形，能够平均分配自己的体重，还具有自封闭的结构等特点使其吸引了国内外众多机器人学研究人员展开了对蛇形机器人的研究。关于蛇形机器人的研究，美国和日本走在前列，此外加拿大、英国、瑞典、澳大利亚等也都在开展这方面的技术研究。

蛇形机器人是一种新型的仿生机器人，与传统的轮式或两足步行式机器人不同的是，它实现了像蛇一样的"无肢运动"，是机器人运动方式的一个突破，因而被国际机器人业界称为"最富于现实感的机器人"。

机器蛇具有结构合理、控制灵活、性能可靠、可扩展性强等优点，在许多领域有广泛的应用前景，如在有辐射、有粉尘、有毒环境下及战场上执行侦察任务；在地震、塌方及火灾后的废墟中寻找伤员；在狭小和危险环境中探测和疏通管道。

伦敦大学科学家为军方研制出一种蛇形机器人，如图 8-25 所示。传统机器人的运动方式无外乎轮式、履带式或足式三种，而"机器蛇"堪称是世界上第一种靠自己"肌肉"前进的蛇形机器人。它像真蛇一样有一条"脊椎骨"，其实这是一串模块化的"脊椎单元"，它们像拼插玩具一样紧紧地咬合在一起。每个"脊椎单元"上有 5 条独立的"肌肉"。这些"肌肉"由镍钛合金金属丝制成。镍钛合金具有"形状记忆"的特殊本领：当有电流通过时，它的晶体结构会收缩，断电后又能恢复到以前的形状。"机器蛇"通过内置的程序控制通过不同金属丝电流的开关和强弱，从而操纵每条"肌肉"活动的方向与力量，指挥"机器蛇"向预定目标前进。

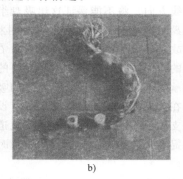

a)   b)

图 8-25　蛇形机器人

a) 英国蛇形机器人机构　b) 蛇形机器人在爬行

在我国，蛇形机器人的研究刚刚起步，但是进步较快。哈尔滨工业大学机器人研究所、上海交通大学等单位首先进行了蛇形机器人仿生方面的一些研究工作。上海交通大学崔显世、颜国正于 1999 年 3 月研制了我国第一台微小型仿蛇机器人样机，该机构由一系列刚性连杆连接而成，步进电动机控制相邻两刚性连杆之间的夹角，使连杆可以在水平面内摆动，样机底面装有滚动轴承作为被动轮，用以改变纵向和横向摩擦系数之比，其后又相继做了一些相关的理论研究。

2001 年，国防科学技术大学研制成功第一台蛇形机器人，如图 8-26 所示。这条长 1.2m、直径 0.06m、重 1.8kg 的机器蛇，能像生物蛇一样扭动身躯，在地上或草丛中蜿蜒运动，可前进、后退、拐弯和加速，其最大运动速度可达 20m/min。头部是机器蛇的控制中心，安装有视频监视器，在其运动过程中可将前方景象传输到后方电脑中，科研人员则可根据同步传输的图像观察运动前方的情景，向机器蛇发出各种遥控指令。当这条机器蛇披上"蛇皮"外衣后，还能像真蛇一样在水中游泳。

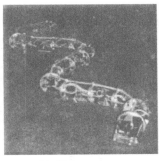

图 8-26　国防科学技术大学的蛇形机器人

中科院沈阳自动化研究所机器人重点实验室也开始了蛇形机器人的研究，并提出一种新型蛇形机器人结构（见图 8-27），可实现多种适应环境的平面和空间运动形式，并做了深入的理论研究。沈阳航天航空大学等单位也开始蛇形机器人的相关研究工作。

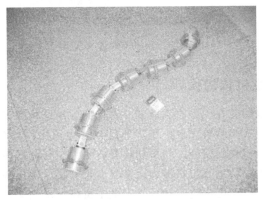

图 8-27　中科院沈阳自动化所研制的蛇形机器人

2. 仿生爬行机器人实例

图 8-28 所示为 Strider 爬壁机器人，具有 4 个自由度。结构上由左右两足、两腿、腰部和 4 个转动关节组成，其中 3 个关节儿、J3 和 J4 在空间上平行放置，可实现抬腿跨步动作，完成直线行走和交叉面跨越功能。

Strider 的每条腿各有一个电动机，通过微型电磁铁来实现两个关节运动的转换。每个电动机独立控制两个旋转关节足，关节间的运动切换通过一个电磁铁来完成。从图 8-28 中可以看出，Strider 的左腿电动机通过锥齿轮传动分别实现腿绕关节 J1 或 J2 旋转，完成抬左脚或平面旋转动作；Strider 的右腿电动机通过锥齿轮传动分别实现腿绕关节 J3 或 J4 旋转，完成抬右脚或跨步动作。以左脚为例，通过电磁铁控制摩擦片离合，实现摩擦片与抬脚制动板或腿支侧板贴合，控制抬脚锥齿轮的转动与停止，完成左腿两种运动的切换。抬脚锥齿轮转动则驱动关节 J2，否则驱动 J1 旋转。该机构左右脚结构对称，运动原理相似，不同之处在于左脚 J1 和 J2 关节通过锥齿轮连接，而右脚的 J3 和 J4 关节通过带轮连接。

Strider 的两足分别由吸盘、气路、电磁阀、压力传感器和微型真空泵组成，通过微型真空泵为吸盘提供吸力，利用压力传感器检测 Strider 单足吸附时的压力，以保证爬壁机器人可靠吸附。利用电磁阀控制气路的切换，实现吸盘的吸附与释放。每个吸盘端面上沿移动方向前后各装了一个接触传感器，用于调整足部吸盘的姿态，以保证与壁面的平行。

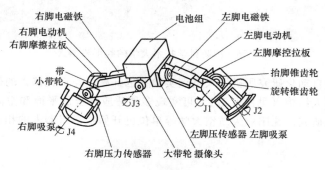

图 8-28　Strider 机构示意图

8.2.4　飞行与仿生机构的设计

自古以来人们就梦想着在天空自由翱翔。对鸟的生理结构和飞行原理等方面所做的研究和获得的灵感，使人类乘着飞机上了天。昆虫与鸟相比，具有更大的机动灵活性。对昆虫生理结构和飞行机理的研究，将仿制出具有更大飞行灵活性和自由度的新型飞行器——仿生飞行机器人。仿生飞行机器人通常具有尺寸小、便于携带、行动灵活和隐蔽性好等特点。最近几年，在昆虫空气动力学和电子机械技术快速发展的基础上，各国纷纷开始研究拍翅飞行的仿生飞行机器人，仿苍蝇和蚊子的微型机器人已经问世，使得仿生飞行机器人成为机器人研究活跃的前沿领域。

1. 飞行仿生机器人的翅膀

昆虫是整个动物界最早获得飞行能力的动物。昆虫飞行的能力和飞行技巧的多样性，主要来源于它们翅膀的多样性和微妙复杂的翅膀运动模式。昆虫可以快速改变运动方向，保持完美的高度控制。它们能够垂直起飞或着陆，盘旋几秒钟，向后运动，甚至可以上下翻滚飞行，同时消耗很少的能量。

（1）以静电致动方式的仿生扑翼

1）扑翼结构。飞行昆虫的特征如外部骨骼、弹性关节、变形胸腔以及伸缩肌肉等为我们设计微型飞行器提供了借鉴思路。

图 8-29 所示为昆虫胸腔的横截面。从图中可看出，通过肌肉的收缩与伸长使得胸腔发生变形，从而带动两侧的翅膀上下扑动，其中弹性胸腔机构的变形对产生无摩擦的

高速扑翼运动起着重要的作用。大多数昆虫的扑翼运动由神经所产生的脉冲信号来控制，而一些小型昆虫（如苍蝇、蜜蜂等），扑翼频率要远高于神经的脉冲频率，这时候扑翼频率主要是由肌肉、弹性关节以及胸腔所组成的运动机构的自然频率决定。

对于尺寸在毫米级的微扑翼飞行器，其扑翼机构可以采用静电驱动、压电驱动以及电磁驱动等方式。在常规的宏观机电系统中，电磁能量向机械能量转换的致动器——电磁马达的应用最为普遍。与电磁能量转换相比，静电型换能机构由于能量密度低而很少实际应用。但是，随着尺寸的微小化，静电换能显示出其优越性。静电驱动工作原理简单、易实现、功耗小、易集成化，随着半导体微细加工技术的发展，特别是牺牲层刻蚀技术的开发，为静电致动器的研究提供了可能的技术背景，使静电致动在微型致动器的研究开发中占据了突出的位置。

2）结构设计。基于以上原因，所设计的微扑翼驱动机构采用静电致动方式。整个驱动机构的形式仿照昆虫的胸腔式结构，其结构如图 8-30 所示。系统的主体由上下平行的两块极板组成，其中一块固定在基体上，另一块可移动板与两边的连杆相连接，并通过连杆带动两边的翅膀上下扑动。整个机构没有轴承和转轴之类的运动部件，各支点和连接处（A、B、C 等处）均采用柔性铰链连接，柔性铰链可采用聚酰亚胺（polyimide）树脂，用沉积、涂布等微加工方法实现，因为柔性铰链的弹性模量很小，加上适当的结构设计，可以保证它只具有很小的运动阻力。当在上下极板间加上交变电压时，机翼就会在交变电场的作用下上下扑动。令激励电压的频率等于驱动机构的自然频率，此时驱动机构会有更大的扑翼幅值。当给极板两边加以不同的电压时，两边的机翼就会产生不同的扑翼幅值，因而引起两边的升力及推力大小不同，使得整个飞行器转向。

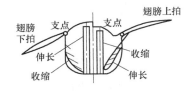

图 8-29 昆虫胸腔的横截面

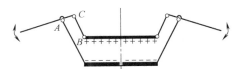

图 8-30 两自由度胸腔式扑翼驱动机构

（2）以分解简化扑翼复杂运动方式的仿生扑翼

1）仿生扑翼机构。仿生飞行机器人以模仿昆虫扑翅运动为主，因此研究和理解昆虫飞行的运动机理和空气动力学特性，是进行仿生飞行机器人研究的重要基础。昆虫的种类很多，扑翼形式复杂多样。在研究中，将昆虫复杂的扑翼运动分解为平扇与翻转两个基本动作，如图 8-31 所示，平扇运动改变翅膀的扇翅角 φ，翻转运动改变翅膀的翅攻角 α，这两个动作的协调运动可以实现昆虫的自由飞行。以果蝇为例，它在悬停飞行时 φ 可达到 180°，在平扇过程中翅保持匀速，并使 α 为 450°～500°，可以获得较大升力。

由于翅膀处于高频振动状态，为了减小惯性力影响，同时为了最终应用于扑翼式微型飞行器，运动件的重量应尽可能小，两个转动之间应存在尽量小的质量耦合，而且机构的复杂程度也受到限制。

2）仿生扑翼机构设计。仿生扑翼机构的设计主要分为两部分，首先是两组曲柄摇杆机构将曲柄输入的旋转运动转换为两个摇杆的摆动运动输出，如图8-32所示。

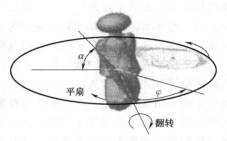

图 8-31 扑翼机构分析

这两组曲柄摇杆机构的尺寸参数均相同，只是曲柄 O_1A 与曲柄 O_2A' 存在一固定的相位差 θ，所以两个摇杆的摆动输出并不同步，角度 ψ 在不同转角位置时会有不同的取值。电动机旋转时，摇杆 O_2B' 会先到达摇杆运动空间的极限位置，随后摇杆 O_2B 才到达与其相对应的极限位置，在这一过程中，ψ 会逐渐减小到零，然后又会反方向逐渐增大，利用这一特性将两个摆动输出再传递到下面的差动轮系。

差动轮系原理如图8-33所示，当两个摆动输入角 ψ 不变时，行星轮随着行星轮支架绕轴 O_3 转动，自身不转动；当两个摆动输入的 ψ 变化或者反向运动时，行星轮会绕自身轴线 O_4 转动。

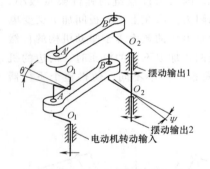

图 8-32 并联曲柄摇杆机构

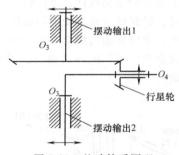

图 8-33 差动轮系原理

因此，将翅膀固定在行星轮上，当曲柄连续转动，两个摇杆摆动输出的 ψ 近似不变时，翅膀保持 α 不变而做平扇运动；当两个摇杆在极限位置处反向运动时，翅膀则完成反扇转换过程中的翻转运动。于是，通过设计不同的扑翼机构参数就可以实现不同 ψ 及 α 的扑翼形式。

2. 飞行仿生机器人实例（拍翅微飞行器）

飞行仿生机器人的飞行性能和物理特性是：雷诺数极小，表面积与体积之比很大，总质量严格受限。从结构特点、飞行力学、负载特性、能量供给和敏捷性等方面，飞行仿生机器人与蜻蜓、蜜蜂或蜂鸟有些相似，与传统的飞机有本质区别。

加利福尼亚技术研究所与美国加州大学洛杉矶分校等共同进行了拍翅微飞行器（MAV）的研究。该系统总重 6.5g，由电动机、传动系统、动力源、MEMS 翅膀、碳纤维机身和尾部稳定器等组成，头部装有可视成像仪，采用微麦克风阵列识别声音方向，该系统不包含通信系统。在高质量的、体积为 30cm×30cm×60cm 和风速为 1~10m/s 的风洞中进行飞行实验时，以电容为动力源的拍翅微飞行器，拍打频率为 32Hz，飞行速度可达 250m/min，最长自由飞行时间可达 9s，但拍打时间不到 1min，就需给电容充电。而以 Nicd N-50 电池作为动力源，并增加了 DC—DC 转换器的拍翅微飞行器，在自由飞行实验时，最长自由飞行时间为 18s。

日本东京大学很早开始昆虫飞行机理和微飞行机器人的研究。他们以计算流体和实验流体为主，通过理论和实验研究对翅膀的运动机理有了初步认识，并以蚊子为基础，进行不同翅膀结构的微飞行装置研究，研制成了由静电驱动的微拍翅机构，如图 8-34 所示。在板和基底（硅片）之间加上电压，板向基底运动，这时多晶硅翅膀就产生弯曲。当电压变化的频率与机械振动频率一致时，产生共振，振动幅度加大。

设计和制造具有非定常空气动力学特性的高效仿昆翅，是仿生微飞行机器人研究中最富于挑战性的一个研究难题。翅膀必须轻而坚固，在高频振动下不会断裂，并且能为整个仿生飞行机器人提供足够的升力和推进力。仿昆翅的研究包括翅膀结构和形状设计、翅膀传动机构设计、机构和翅膀材料的选择以及与制造有关的工艺问题。

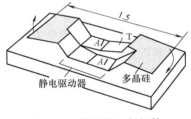

图 8-34　拍翅微飞行机构

8.2.5　游动与仿生机构的设计

鱼类经过亿万年的自然选择与进化，形成了非凡的水中运动能力，既可以在持久游速下保持低能耗、高效率，也可以在拉力游速或爆发游速下实现高机动性。正是这种在水中运动的完美性，吸引了世界各国科研工作者对模仿鱼类游动方式的游动仿生机器人技术进行研究与开发。目前已研制出的水下仿生机器人中，根据其所模仿水下生物的运动方式，可分为仿鱼类的游动仿生机器人、仿多足爬行动物水下机器人和仿蠕虫水下机器人。这里主要对游动仿生机器人（机器鱼）进行介绍。

机器鱼，顾名思义，用材料制作的外形像鱼的机器，配备有化学传感器的自主机器鱼能够在水中游数小时，机器鱼用于发现污染物质，并绘制港口的实时三维图，从而表明当前海水中存在什么化学物质以及位于什么地方。这项技术的开发将增加港口管理部门监视船舶污染、其他类型有害污染物和来自水下管道排放污染物质的灵活性和适应性。除了有益于港口的监视操作外，这个项目还能带来机器人技术、生化分析、水下通信和机器人智能的重要进步。

1. 游动仿生机器人机构原理

在对鱼类推进机理的研究中发现，鱼类在其自身的神经信号控制下，可以指挥其体内的推进肌产生收缩动作，导致身体的波状摆动，从而实现其在水中的自由游。

根据鱼类推进运动的特征，可以划分为两种基本推进模式：身体波动式（见图 8-35）和尾鳍摆动式（见图 8-36）。在波动式推进中，鱼类游动时整个身体（或几乎整个身体）都参与了大振幅的波动。由于在整个身体长度上至少提供了一个完整的波长，所以使横向力相抵消，使横向的运动趋势降低到最小。波动式推进的推进效率主要与波的传播速度有关，波的传播速度越大，推进效率就越高。与尾鳍摆动式推进方式比较而言，身体波动式推进效率较低，主要适用于狭缝中的穿行。尾鳍摆动式推进方式是效率最高的推进模式，海洋中游动速度最快的鱼类都采用尾鳍摆动式推进模式。在运动过程中尾鳍摆动，而身体仅有小的摆动或波动，甚至保持很大的刚性。

<table>
<tr><td align="center">波动方向 ⟷ 游动方向</td><td align="center">尾鳍形状   游动方向 ⟷</td></tr>
<tr><td align="center">图 8-35   身体波动式推进模式</td><td align="center">图 8-36   尾鳍摆动式推进模式</td></tr>
</table>

仿生机器鱼就是参照鱼类游动的推进机理，利用机械、电子元器件或智能材料来实现水下推进功能的运动装置。

2. 游动仿生机器人实例

应用仿生学原理，模拟鱼类的身体结构和运动形式来设计游动仿生机器人，已成为水下机器人研究领域新的发展方向。

（1）仿生金枪鱼（RoboTuna）和仿生梭鱼（RoboPike） 美国麻省理工学院的 Trianffyllou 等人通过长时间观察鱼类的游动研究发现，在自行驱动的鱼类体后部有射流形成，这些喷射的涡流产生推力从而使得鱼儿游动。根据"射流推进理论"，1994 年成功研制了世界上真正意义上的游动仿生机器人——仿生金枪鱼和仿生梭鱼。

仿生金枪鱼是一条长约 4ft(1ft = 0.3048m)，由 2843 个零件组成的、具有高级推进系统的金枪鱼。它模仿蓝鳍金枪鱼而制造，如图 8-37 所示。仿生金枪鱼具有关节式铝合金脊柱、真空聚苯乙烯肋骨、网状泡沫组织，并用聚氨基甲酸酯弹性纤维纱表皮包裹，它装有多台 2 马力（1 马力 = 735.499W）的无刷直流伺服电动机、轴承及电路等。仿生金枪鱼在多处理器控制下，通过摆动躯体和尾巴，能像真鱼一样游动，速度可达 7.2km/h（4 节），仿生金枪鱼的摆动式尾巴有助于机器鱼的驱动，推进效率达 91%。

麻省理工学院的仿生梭鱼如图 8-38 所示，由玻璃纤维制成，上面覆一层钢丝网，最外面是一层合成弹力纤维，尾部由弹簧状的锥形玻璃纤维线圈制成，使机器梭鱼既坚固又灵活。它的硬件系统主要包括头部、胸鳍、尾鳍、背鳍、主体伺服系统、胸鳍伺服系统、尾部和尾鳍伺服系统以及电池等。采用一台伺服电动机为其提供动力，来驱动各关节以实现躯体摆动。仿生梭鱼的研制成功，揭示鱼类为什么比我们想象的游得要快的原因，因为鱼类看上去不具备使其游的那样快的肌肉力量，同时证明其具有良好的在静止状态下的转向和加速能力。

（2）仿生黑色鲈鱼机器鱼 日本 N. Kato 等人根据黑色鲈鱼的胸鳍动作原理，从水下运动装置的机动性能出发，分析了胸鳍动作状态与游动姿态的关系。发现了鱼在水平面以及垂直平面上的盘旋及转向运动与鱼的胸鳍动作之间的关系，于 1996 年研制了实

图 8-37　仿生金枪鱼结构

图 8-38　仿生梭鱼组装图

验样机（见图 8-39），该样机用 PC 机来控制以实现类似于鱼类的运动。

（3）仿生水下机器人"仿生一 I"号　在国内，哈尔滨工程大学于 2003 年设计了仿生水下机器人"仿生一 I"号，如图 8-40 所示，其外形和游动方式仿制蓝鳍金枪鱼。"仿生一 I"号在水池试验中的最大摆动频率为 13Hz，通过调整尾鳍的摆动，"仿生一 I"号具有纵向速度和转向控制能力。

图 8-39　仿黑色鲈鱼机器鱼

图 8-40　仿生水下机器人原理样机"仿生一 I"号

仿生水下机器人"仿生一 I"号长 2.4m，最大直径 0.62m，负载能力 70kg，潜深 10m，配有月牙形尾鳍和一对联动胸鳍。尾部为具有 3 个节点的摆动机构，约占总长的 1/3，采用蜗轮蜗杆传动，其中前两个节点通过齿轮联动，控制尾柄的摆动，并通过包裹在外面的蒙皮形成整个鱼体的流线型，最后一个结点则用来控制尾鳍的运动。该结构所产生的运动与金枪鱼的游动方式相适应。机器人采用大展弦比的月牙形尾鳍，通过尾鳍的摆动提供前进的动力和转向的力矩；胸鳍则可以控制机器人的深度，尾鳍和胸鳍均采用 NACA0018 翼型。躯体中部的背鳍和胸鳍可起到减摇作用。该机器人在加装光纤陀螺、深度计和定位系统后，可实现转向、深度和速度的闭环控制。为防止电动机反向对尾部传动机构冲击过大，设定电动机不能反向，因此尾鳍在一个摆动周期内一定会摆动到两个极限位置。

（4）"SPC U"型仿生机器鱼　2004 年 12 月，北京航空航天大学机器人研究所和中国科学院自动化研究所成功地研制出了"SPC II"型仿生机器鱼，如图 8-41 所示。这条机器鱼主要由动力推进系统、图像采集和图像信号无线传输系统、计算机指挥控制平台 3 部分组成，计算机编制的程序经过信号放大器来控制 6 个步进电动机，6 个步进电动机又分别与遥控器发射机的 6 个控制电位器相连，来控制发射机的信号发射，两个接收机则安置在鱼的头部。机器鱼同时装有卫星定位系统，如果启动该系统，机器鱼还可以自行按设定航线行进。机器鱼的壳体仿照鲨鱼的外形，主要制造材料为玻璃钢和纤维板。这条鱼体长 1.23m，总质量 40kg，最大下潜深度为 5m，体表是复合材料，它的最高速度可达 1.5m/s，能够在水下连续工作 2~3 小时。

这种具有我国自主知识产权的仿生水下机器鱼，稳定性强，行动灵活，自动导航控制，在水下考古、摄影、测绘、养殖、捕捞以及水下小型运载等方面，具有广泛的应用前景。

图 8-41 "SPC Ⅱ"型仿生机器鱼

参 考 文 献

[1] 王红梅. 赵静. 机械创新设计 [M]. 北京：科学出版社，2011.
[2] 张有忱，张莉彦. 机械创新设计 [M]. 北京：清华大学出版社，2011.
[3] 高志，黄纯颖. 机械创新设计 [M]. 北京：高等教育出版社，2010.
[4] 高志，刘莹. 机械创新设计 [M]. 北京：清华大学出版社，2009.
[5] 张春林. 机械创新设计 [M]. 北京：机械工业出版社，2007.
[6] 李立斌. 机械创新设计基础 [M]. 长沙：国防科技大学出版社，2002.
[7] 罗绍新. 机械创新设计 [M]. 北京：机械工业出版社，2002.
[8] 丛晓霞. 机械创新设计 [M]. 北京：机械工业出版社，2002.
[9] 任红杰. 大传动比牵引驱动增速系统的开发研制及其有限元分析 [J]. 哈尔滨理工大学学报，2003（3）.
[10] 于惠力. 机械设计 [M]. 北京：科学出版社，2013.
[11] 郑文纬. 机械原理 [M]. 北京：高等教育出版社，1997.